深海のフシギな生きもの

水深11000メートルまでの美しき魔物たち

幻冬舎

深海のレアアース泥
— 資源1000年分、日本を救う切り札

深海のフシギな生きもの

水深11000メートルまでの美しき魔物たち

メスに吸収されるオス、自分より大きなえものを食べる魚、
姿を消すために発光する生物、
眼の退化した魚、有毒な熱水のそばを好むエビ……。
地球最後の秘境、深海。
暗く冷たく高圧な深海は、想像を絶する世界。
一見恐ろしげに見える彼らの生態を知るとき、
深海生物たちの、精一杯のけなげな生き様が見えてくる。

幻冬舎

contents

継

食

隠

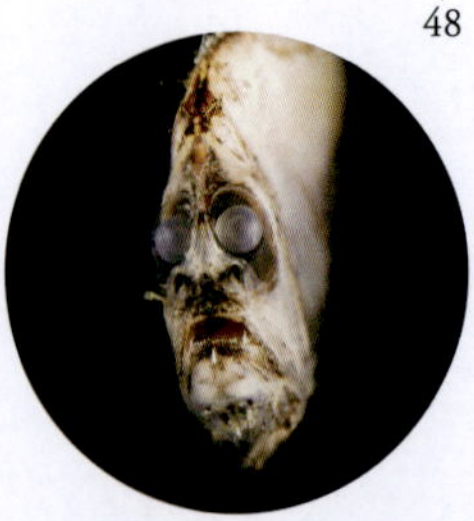

感

応

column

継

命を次代へ継承すること。
それは、生物にとっての、もっとも重要な使命のひとつ。
暗く広大な深海での、切実な「継」戦略

Caesaromysis hispida。小型甲殻類のアミの仲間だ。どんな小さな動物にも親がいて、運がよければ子が生まれる

究極の愛のかたち
オニアンコウの一種

●鬼鮟鱇

オニアンコウは、チョウチンアンコウの一種。メスの体長は5～10センチメートルになるが、オスは2センチメートルほどにしかならない。成魚なのに約6ミリメートルというオスも発見されている。

暗く冷たい深海で、オスとメスが出合うチャンスは少ない。

小さなオスは、メスに出合うと鉤《かぎ》状の歯でメスの体にかじりつく。

そして、もう離れない。

オスの内臓はやがて縮小し、血管はメスのそれとつながる。栄養も酸素も、メスから得るようになる。

オスとメスが一体化するのだ。

この夫婦の結合は、オスが一方的に栄養をもらうことになるが、繁殖という意味では両者にとってメリットがある。同種の生物どうしの関係なので、「寄生」とも「共生」ともよべない。

いずれにしても、オスの役割は精子をつくることだけとなり、役目を終えると、やがてメスに吸収され、最後は、メスの小さなイボのような存在になる。

チョウチンアンコウのなかまは、小さなオスが大きなメスに付着するものが多い。オニアンコウのなかまのように、完全に一体化して最後は吸収されてしまうものもいれば、繁殖期だけ一時的に付着して離れるものもいる。ただし、付着することが知られていない種もいる。

完全に一体化するタイプのものは、オスがメスに付着することで、両者がいっしょに性的に成熟し、離れないことによって受精する確率が高まるので、子孫を残すという目的のためには、とても合理的。

しかし、彼らが幸せかどうか、この表情から察するのはむずかしい。

オニアンコウの一種

Soft Leafvent Angler
Haplophryne mollis

背中にかじりついている小さな2匹がオス。数匹のオスが付着していることもある

出合えなければ、死

オニアンコウの一種

●鬼鮟鱇

これはチョウチンアンコウの中の、オニアンコウの一種の稚魚。このなかまは、前ページで紹介したように、小さなオスと大きなメスが完全に一体化して、最後はオスがメスに吸収される魚だ。

稚魚のうちは、オスとメスで、ほとんど大きさも形も同じ。ただしこれはメス。将来ルアー（疑《ぎ》

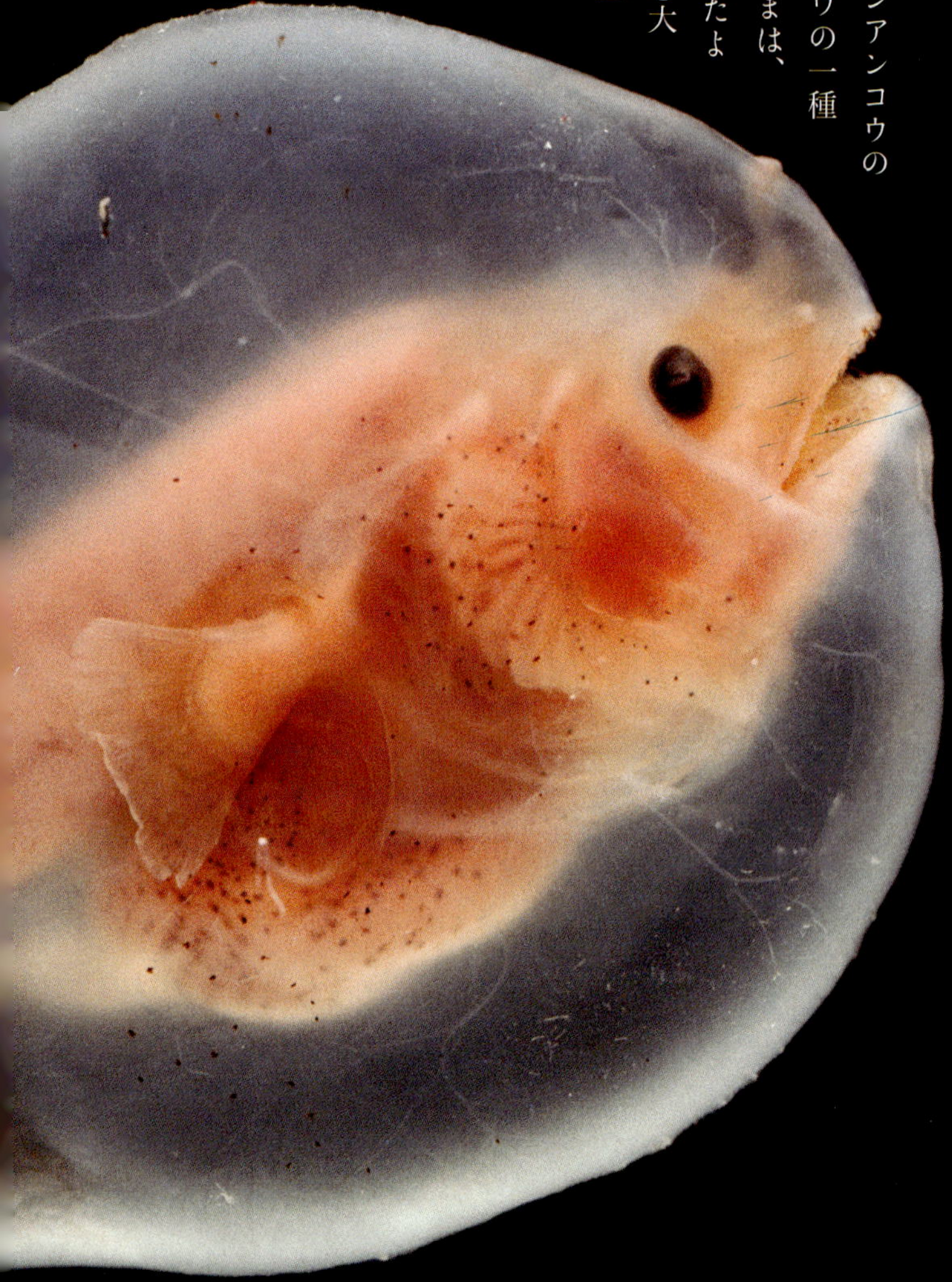

英名は Devil Angler（悪魔アンコウ）だが、子どものときに、まだ悪魔の面影はない

似餌《じえ》）になるべき突起が、すでに頭部に見える。

　体は厚いゼラチン質でおおわれている。稚魚のうちは、比較的浅い、水深100〜200メートルにいる。オスもメスも小さなプランクトンなどを食べ、このゼラチン質に栄養をたくわえる。厚いゼラチン質には、子どもの体をガードするはたらきもある。

　稚魚は、成長するにしたがって深い海に降りていき、そこで変態する。変態すると、オスとメスの姿ははっきりと変わる。

　メスにはもう立派なルアーができ、顔は母親に似た迫力をそなえてくる。彼女は、このルアーで魚を釣り、大きな口で食らいつき、どんどん大きくなる。

　オスには頭部のルアーがない。口は、メスにかじりつくことしかできないペンチのような鉤状。

　オスの鉤状の口では、何も食べられない。稚魚のときにたくわえたゼラチン質の栄養で何とか生き延び、メスを探す。メスに出合って付着することができなければ、死ぬしかないのだ。

　メスに出合うまで、オスは精巣も発達させることができない。メスと一体化して彼女の血液が流れ、そのホルモンの命令があって初めてオスとして成熟できる。

　オスは、メスよりずっと多く生まれる。メスの体に、複数のオスが付着している姿が観察されているが、付着できずに死んだものも多いはずだ。

オニアンコウの一種

Devil Angler
Linophryne sp.

性転換する作戦

オオヨコエソ

●大横狗母魚

オオヨコエソは、成長するにしたがって性転換する。

性転換する魚はめずらしくない。

メスからオスに変わるものも、オスからメスに変わるものも、状況に応じて転換するものもいる。

メスからオスに変わるものは、ハレムをつくる魚に多い。大きなオスが、複数の小さなメスに産卵させる。繁殖期の間、毎日群れのメスに産卵させるものもいる。

一方、小さいうちはオスで、大きくなるとメスになるというのも、卵をつくるためには、ある程度の体の大きさが必要なので、繁殖の成功率を高める戦略のひとつだ。

イソギンチャクにすむ人気者のクマノミは、オスからメスに性転換する魚。オスよりメスの方が大きく、年上女房。彼らはどちらかが死ぬまで一夫一婦で添い、大きいメスがいなくなると、小さいオスは、未成熟な若者をパートナーにする。

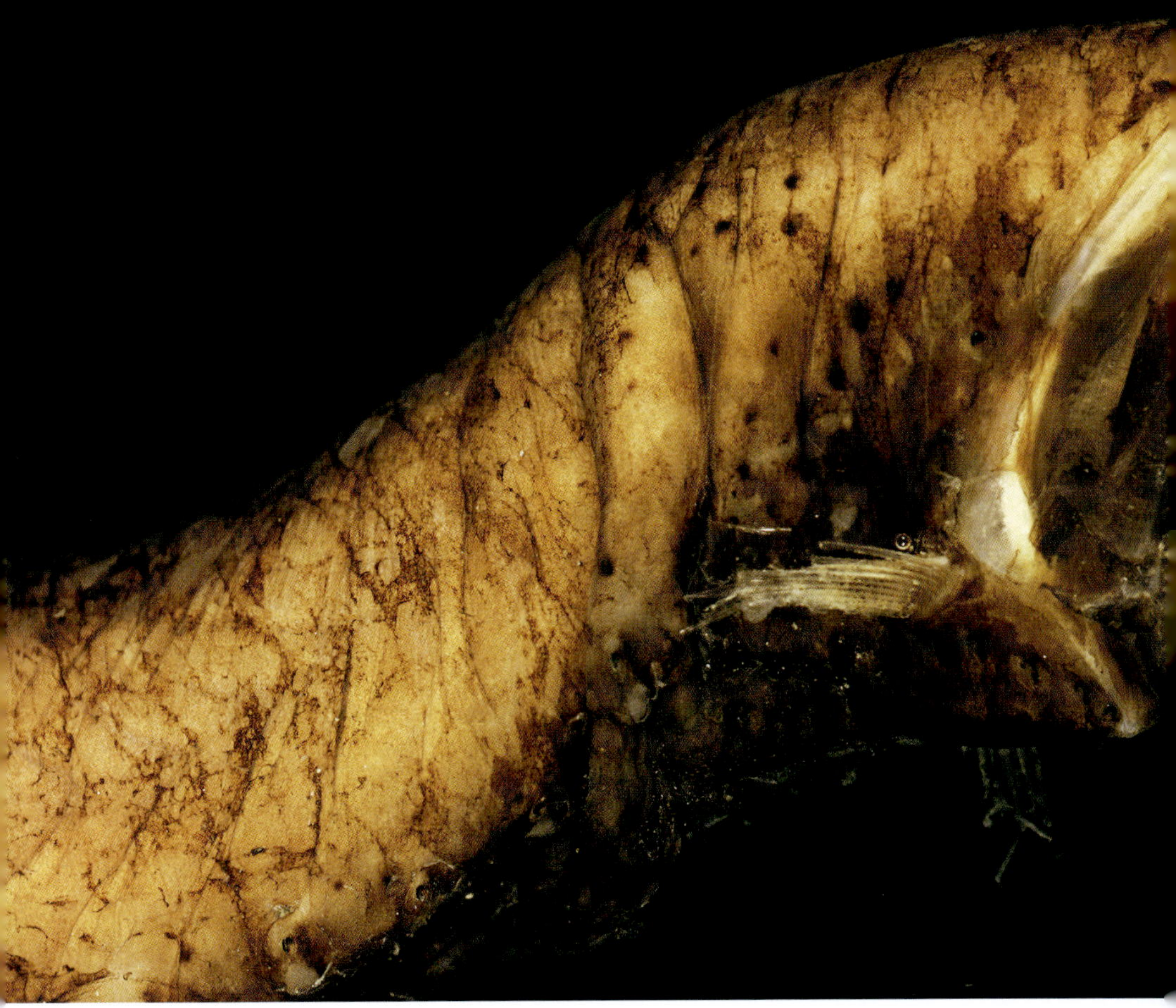

若者はオスになり、もとのオスはメスに性転換し、産卵する。

　オオヨコエソもオスからメスに性転換する。彼らの産卵は、1年に1度、しかし、1回に約5000個もの卵を産む。ある程度大きくなければできない芸当だ。

　オオヨコエソは、通常、水深500〜1200メートルの暗い海にいる。

　オスがメスを探すのは、匂《にお》い。

　小さいオスのうちは、鋭い嗅覚《きゅうかく》をもち、大きなメスになると、嗅覚が鈍くなるのだという。匂いでメスを探すオスの時代には嗅覚が鋭いというのも、暗い海でオスとメスが出合うために、合理的なしくみだ。


体長は、メスは20cm、オスは10cmほど。これは、まだオスかもしれないし、メスになった後かもしれない。解剖しない限り、外見から判断することはできない

オオヨコエソ

Elongated Bristlemouth
Gonostoma elongatum

死体の中で子育て
オオタルマワシ
●大樽回し

オオタルマワシは、小さなエビのような姿をている。体長3センチメートルほど。

オオタルマワシが入っている、透明な樽《たる》のように見えるのは殺した死体、兼、育児室。

オオタルマワシは、エビやカニ、昆虫などと同じ節足動物の中の、ヨコエビのなかま。その中の、クラゲノミ類という、浮遊しつつクラゲなどを食べる肉食チームの一員だ。オオタルマワシは、サルパやヒカリボヤなどのゼラチン質生物を捕食する。

好物のゼラチン質生物を襲って食べ、さらに、その死体を加工する。内部をくりぬいて、自分の体がすっぽり入るくらいの大きさのゼラチンの樽をつくるのだ。そして、その中に卵を産む。

卵は樽に守られ、やがて孵化《ふか》する。生まれた子どもたちは、樽をも食べて成長する。

昆虫にも、ていねいに葉を巻いてその中に卵を産むものや、動物のフンを丸めてその中に産卵するものがいる。いずれも、卵を守り、生まれる子がひもじい思いをしないようにという親心。

オオタルマワシがすむのは、水深200〜1000メートル。ゆりかごにする葉っぱもなければ、ダンゴにするほどのフンのかたまりもない。みな、それぞれの環境の中での、精一杯の子育て法なのだ。

オオタルマワシ

Deep Sea Amphipod Pram Bug
Phronima sedentaria

樽の中では、卵がかえり、子どもたちが育っている。子どもの入った樽を押している姿も観察されている

育つほどに強面になり
キアンコウ●黄鮟鱇

キアンコウの稚魚。
波間を漂い、プランクトンなどを食べて成長する

吊るし切りにされ、鍋の材料にされるアンコウのなかまの中で、キアンコウはもっとも美味なため、高値で取引される。旬は冬。

大きいものは体長が150センチメートルを超える。水深数十~数百メートルほどの海底の砂泥に浅く埋まり、砂にまぎれてじっとしている。

キアンコウなどアンコウのなかまも、チョウチンアンコウと同じアンコウ目《もく》の魚。アンコウ目の魚は、ルアーをもつものが多い。

アンコウたちも、発光はしないが、チョウチンアンコウたちと同じく、口の上にルアーがあり、これでえものをおびきよせて食べる。

チョウチンアンコウのなかまも大食いだが、アンコウのなかまも負けてはいない。鋭い歯の生えた大きな口をもち、近寄るものには、何にでも食らいつく。

アンコウは、ふだんは海底にいるが、産卵の時期になると浅い海に集まり、卵を産む。

ただし、アンコウたちは、オスもメスも同じくらいの大きさ。チョウチンアンコウたちのように、小さいオスが大きいメスに付着することはない。

卵は帯状のゼラチン質のものに包まれて浮遊する。

稚魚も、食べものの豊富な浅瀬で、浮遊生活をする。ゆらゆらと揺れる優雅なヒレ、大きな眼、半透明のその姿は、恐ろしげな親からは想像できないほど幻想的で美しい。

成長するにしたがって深い海へと移動し、その姿も深海でのくらしに適した風貌《ふうぼう》に変化していく。

キアンコウ

Anglerfish
Lophius litulon

チョウチンアンコウグループのメスと、体型は違うが、強面なところは共通だ。ルアーで誘い、食らいつくには、この手の顔が適しているのだろう

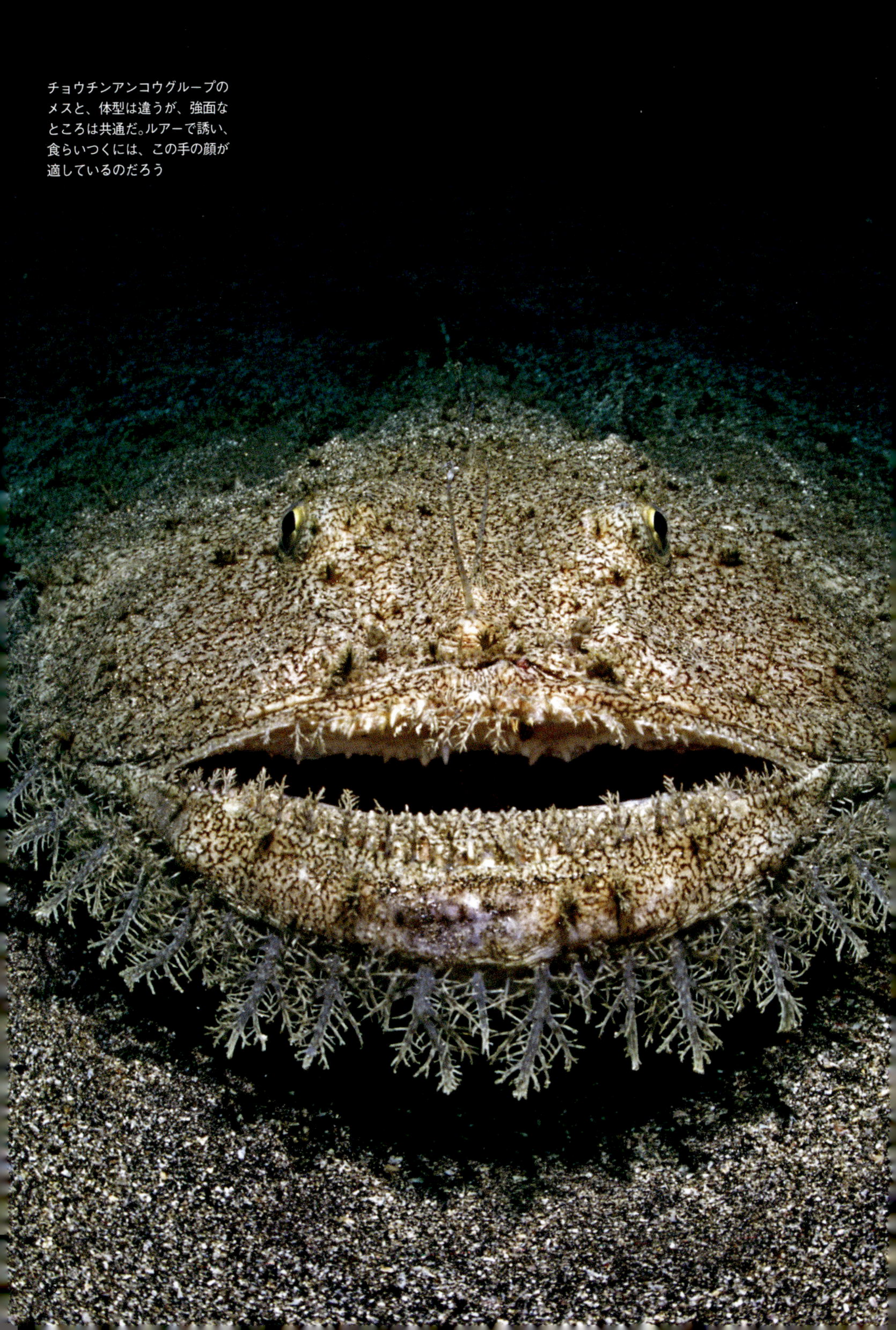

column

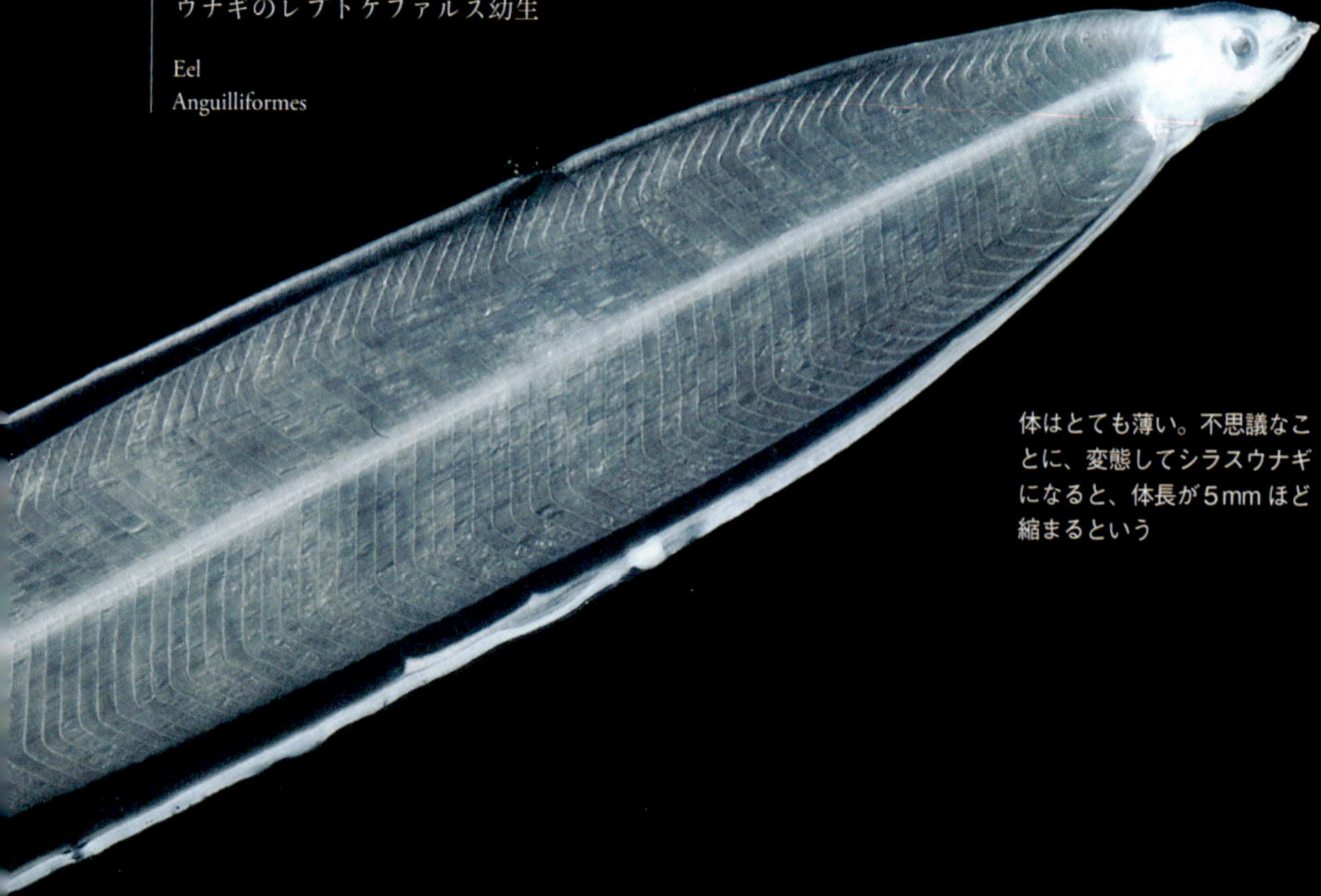

ウナギのレプトケファルス幼生

Eel
Anguilliformes

体はとても薄い。不思議なことに、変態してシラスウナギになると、体長が5mmほど縮まるという

ウナギ。その長旅の謎

新美南吉の『ごんぎつね』で、いたずらギツネのごんが、村の若者、兵十のびくの中から盗んでしまったのはウナギ。かつてウナギは、川や沼の漁の定番のひとつだった。

ヨーロッパでも、ウナギはギリシャ、ローマ時代以前から賞味されていた。

ただ、大きなウナギが川を下り、小さなウナギが川を上ることはわかっていたものの、どこで産卵するかは、謎だった。「大地からわく」説や、「馬のしっぽから生まれる」説などが信じられていたが、結論は出ず、2000年以上にもわたって、さまざまな人がこの謎を解こうとしてきた。

19世紀になり、透明なヤナギの葉のような小さな魚が発見され、新種の魚として、「レプトケファルス（小さな頭）」と名づけられた。

それから30年以上たった1896年、生きたレプトケファルスが採集され、育てられた。ヤナギの葉のような幼生は、やがて変身し、細くて白いシラスウナギになった。ヨーロッパウナギの子だったのだ。

それからは、より小さいレプトケファルスの探求が進められた。そしてとうとう、大西洋を渡り、中米に近いサルガッソー海にたどり着いた。1922年のことだ。

サルガッソー海は、帆船時代、風がなくなるため「船の墓場」と恐れられた海。ヨーロッパウナギは、何千キロメートルも離れたその深い海で、産卵していたのだ。

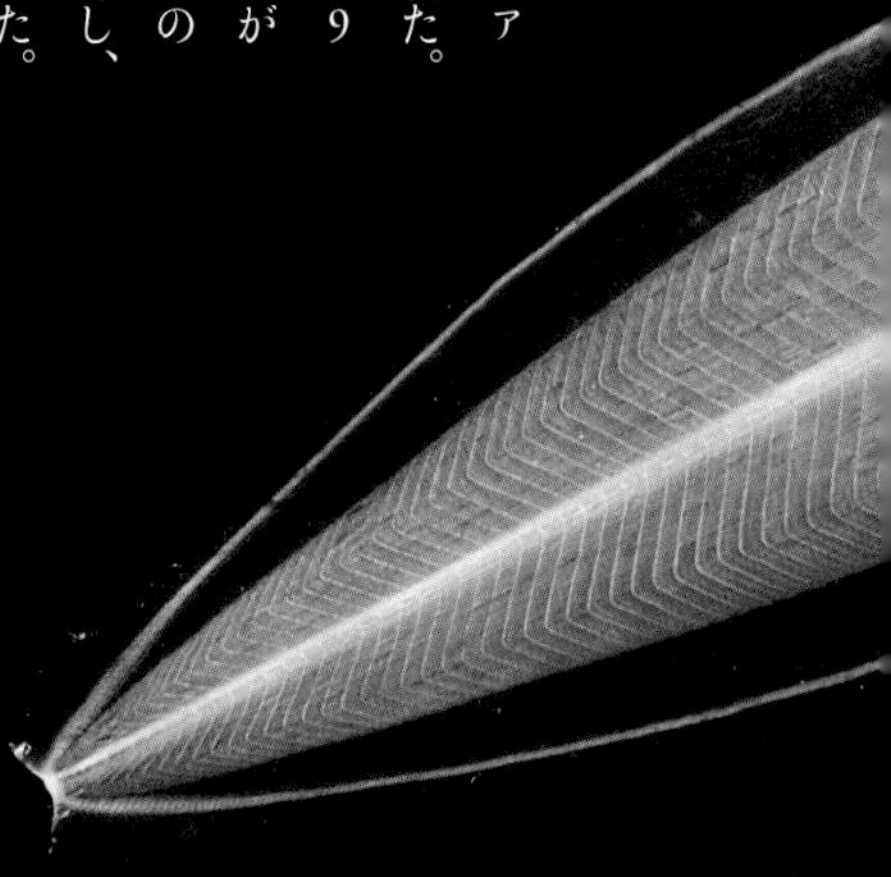

ニホンウナギも、そのふるさとは遠い南の深海の可能性が高い。日本から約3000キロメートルも南、グアム島に近いマリアナ諸島沖の可能性がきわめて高い。そこは、深い海からスルガ海山という海底火山がそびえ立っている場所だ。

ウナギは川で成長し、5〜10年ほどすると秋から冬にかけて川を下る。親ウナギは地磁気に誘《いざな》われ、南への長い旅をつづける。その間に、生殖器と眼は大きくなり、消化管は小さくなる。スルガ海山に着くと、夏の新月の夜、いっせいに産卵するのだという。

卵は2〜3日でかえる。体長はわずか3ミリメートルくらい。それから半年ほど、漂いながら成長し、潮に流されつつ北への旅をつづける。そして、ゆっくり変態してシラスウナギとなり、10月から翌年の6月ごろに、川を遡上《そじょう》し始めるのだ。

なぜ、これほどまでに長い旅をするのか。大陸移動や海流の変化によって、産卵場所と成長場所が離れてしまったからではないかと考えられているが、いまもわからないことが多く、さらなる研究がつづけられている。

食

太陽光の届かない深海では、植物は育たない。
暗く冷たく、えものの少ない海で生き抜くための、
恐怖の「食」戦略

光るルアーを口の上に装備し、大きな口を開けるクロアンコウの一種

カリフォルニア州中西部、モントレー湾の深海のオオグチボヤ。上に開いているのが出水孔

大口を開けて静かに待つ

オオグチボヤ

●大口海鞘

オオグチボヤは、酢の物や刺身で食すホヤのなかま。ホヤのなかまは、子どものときはおたまじゃくしのような姿で泳ぎ、おとなになると岩などに固着してすごす。体の上の方に水の入り口と出口があり、そこから水といっしょに流れこむ小さなプランクトンなどを漉《こ》して食べる。

オオグチボヤは、体長15〜25センチメートルほど。「入水孔」とよばれる口が極端に大きい。深海という環境の厳しさが感じられる。この大きな口を開け、暗く冷たい深海で、じっと食べものを待っているのだ。

富山湾の水深700メートル付近では、大きな群れも発見されている。

ホヤ類は、原索動物という生物。

おたまじゃくしのような子どものときには、頭から尾まで伸びる神経管の下に、それを支える脊索《せきさく》があるが、おとなになるとなくなる。

私たちも、胎児のときは脳からの神経にそって脊索があり、しだいに脊椎《せきつい》ができると脊索はなくなる。

原索動物は、一時期でも脊索があるので、脊椎動物と近縁といわれている。ホヤには、脊椎はないが、小さいながら脳もあり、入水孔から取りこんだ食べものを送るノドや胃、腸や肛門もある。

深海で、大きな口を開け、小さな脳で、いったい何を思っているのだろうか。

オオグチボヤ

Carnivorous Tunicate
Megalodicopia hians

富山湾の群れ。ひたすら大口を開けているが、刺激を受けると小さく丸まってしまう

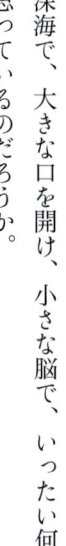

体長は最大で50センチメートルほど。黒くスリムなボディに、鋭い歯を装着した大きな口。英名Pacific Black Dragon（太平洋の黒き龍）にぴったりの姿だ。

昼間は深海でくらし、夜になると海面近くに出没する。夜の海で、こんな魚に出合ったら、きっと忘れられない思い出になることだろう。

ヒゲの先を光らせて、えものをおびきよせ、近づくえものに、その口を大きく開けて襲いかかる。ただし、これはメスだけ。

オスは、ほんの8センチメートルほどにしかならない。

歯もヒゲもない。頼みの綱は頭につけた発光器。これでメスを誘って交尾し、たった一度の交尾でその短い生涯を終えるのではないかと考えられている。

生まれた子どもは、細長い体から長い柄が突き出し、その先に眼があるという、かなりファニーな容貌が特徴。成長するにしたがって柄は縮み、おとなになると、眼は定位置におさまる。

そこから、ぐんぐん成長するメス、小さいままのオスと、運命が分かれるのだ。

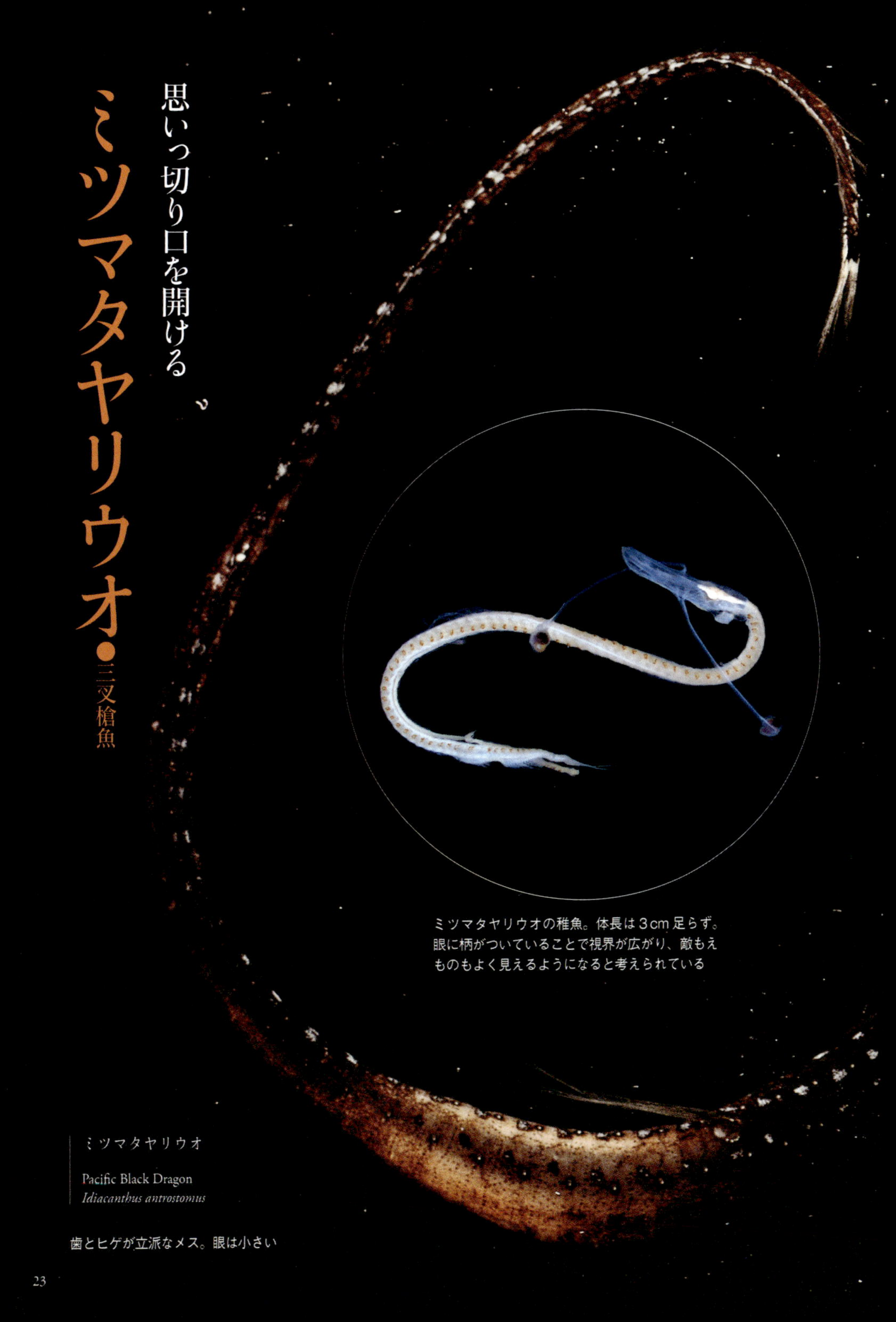

思いっ切り口を開ける ミツマタヤリウオ●三叉槍魚

ミツマタヤリウオの稚魚。体長は3cm足らず。眼に柄がついていることで視界が広がり、敵もえものもよく見えるようになると考えられている

ミツマタヤリウオ

Pacific Black Dragon
Idiacanthus antrostomus

歯とヒゲが立派なメス。眼は小さい

あまりにも大きな口

フクロウナギ●袋鰻

こんな姿なので、泳ぎは苦手。細い尾の先に発光器があり、これでえものをおびきよせているのではないかと考えられている

大きいものは体長2メートルほどになる。「ウナギ」とついているが、私たちが食べるウナギとは別のグループの魚。

体は細いが、やわらかくてパラボラアンテナのように大きく広がる口をもつ。

この口は横幅もある。口を目いっぱい広げるときは、口を上にして、おちょこになった傘のような姿になる。小さなエビなどが入ると口を閉じて、水を出し、口に残ったものを食べていると考えられている。

彼らはアゴの骨が極端に発達している。私たちは頭骨の中にアゴの骨があるが、この魚は巨大なアゴの骨の上に小さな頭骨がのっているかたちだ。

頭の先の小さな眼、細い下半身、肋骨《ろっこつ》もない。尾ビレも腹ビレもなく、胸ビレもほとんどない。

不要なものはとことん切りつめ、口の大きさだけに特化している。

ザトウクジラも、大きな口と広がるノドをもっている。彼らは、夏、プランクトンの豊かな北極や南極近くの海でたっぷり食べる。

大きな口を開け、ノドを大きくふくらませて大量の海水とともに、オキアミなどの小さな生物を口に入れる。そして、ヒゲのすき間から水を出してたくさん食べるのだ。

フクロウナギと似た食べ方だ。でももし、フクロウナギが、えものの少ない深海から、ザトウクジラの食事の現場にやってきたら、その食べものの豊かさに、きっとびっくりすることだろう。

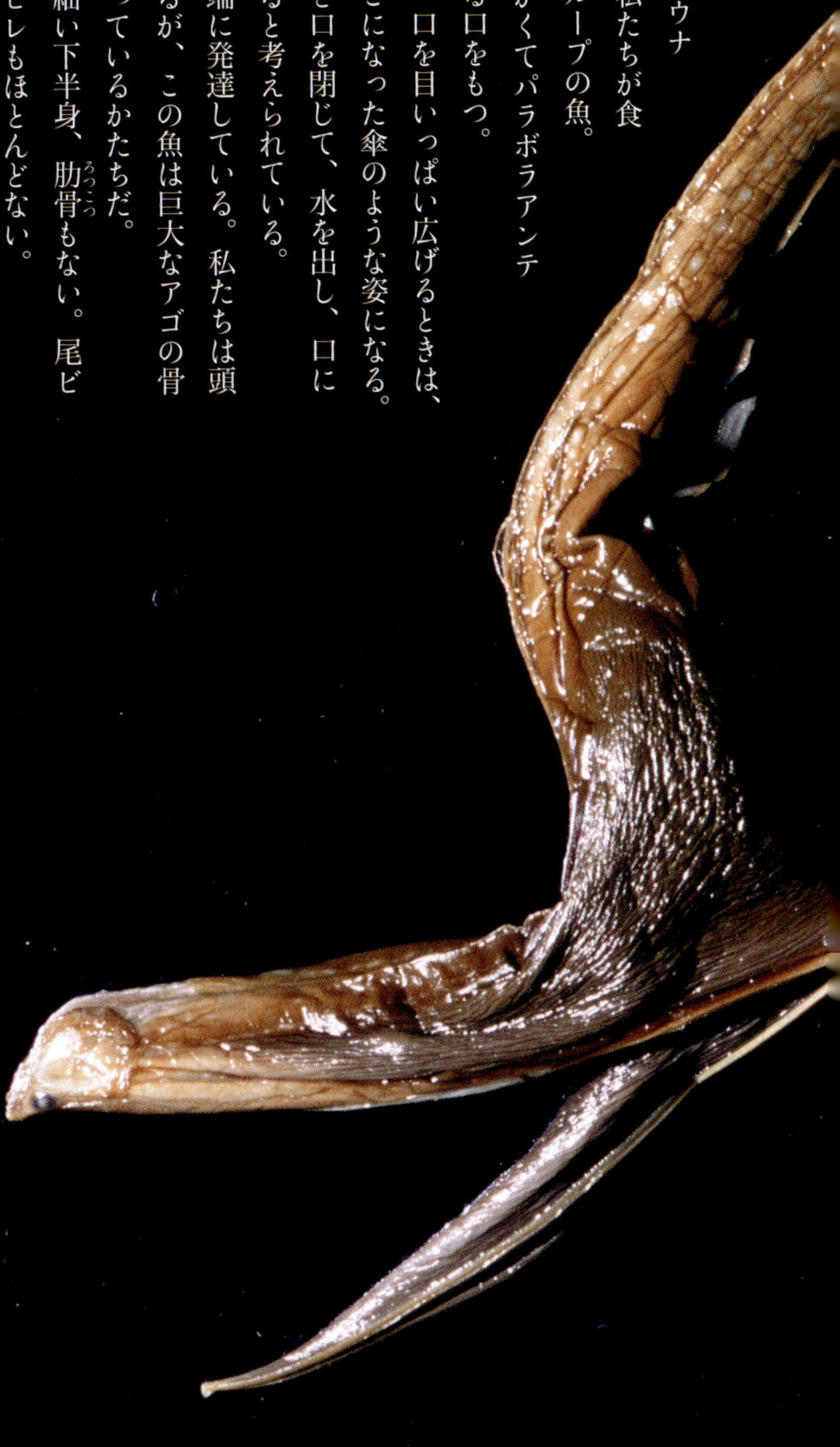

フクロウナギ

Pelican Gulper
Eurypharynx pelecanoides

とことん広がるノド
フウセンウナギの一種

●風船鰻

フクロウナギに近いなかまで、細長い体に大きな口をもつ。大きいものは2メートルほどになる。フクロウナギと同様、その細い尾を発光させて、えものをおびきよせて捕食する。

フクロウナギは、ヒフが薄く、歯も小さくアゴも弱いので、あまり大きなえものは食べないと考えられているが、フウセンウナギは小さいけれど鋭い歯をもち、胃も広げることができるので、大きなえものも食べることができる。じっさい、大きな魚を丸飲みしたものも発見されている。

英名Gulper Eel（丸飲みするウナギ）の名のとおり、自分と同じくらいの大きさのえものでも、ノドと胃を広げて丸ごと飲みこんでしまうのだという。

そのため、数週間に1度の食事でも生きていくことができる。

やはり、大きなえものを丸飲みするヘビも、食事の回数は少ない。1週間に1度以上食べるものは少なく、大きなニシキヘビなどは、1年以上食べずにいることもできるという。

フウセンウナギは、深海にすむ魚類。ニシキヘビは陸にす

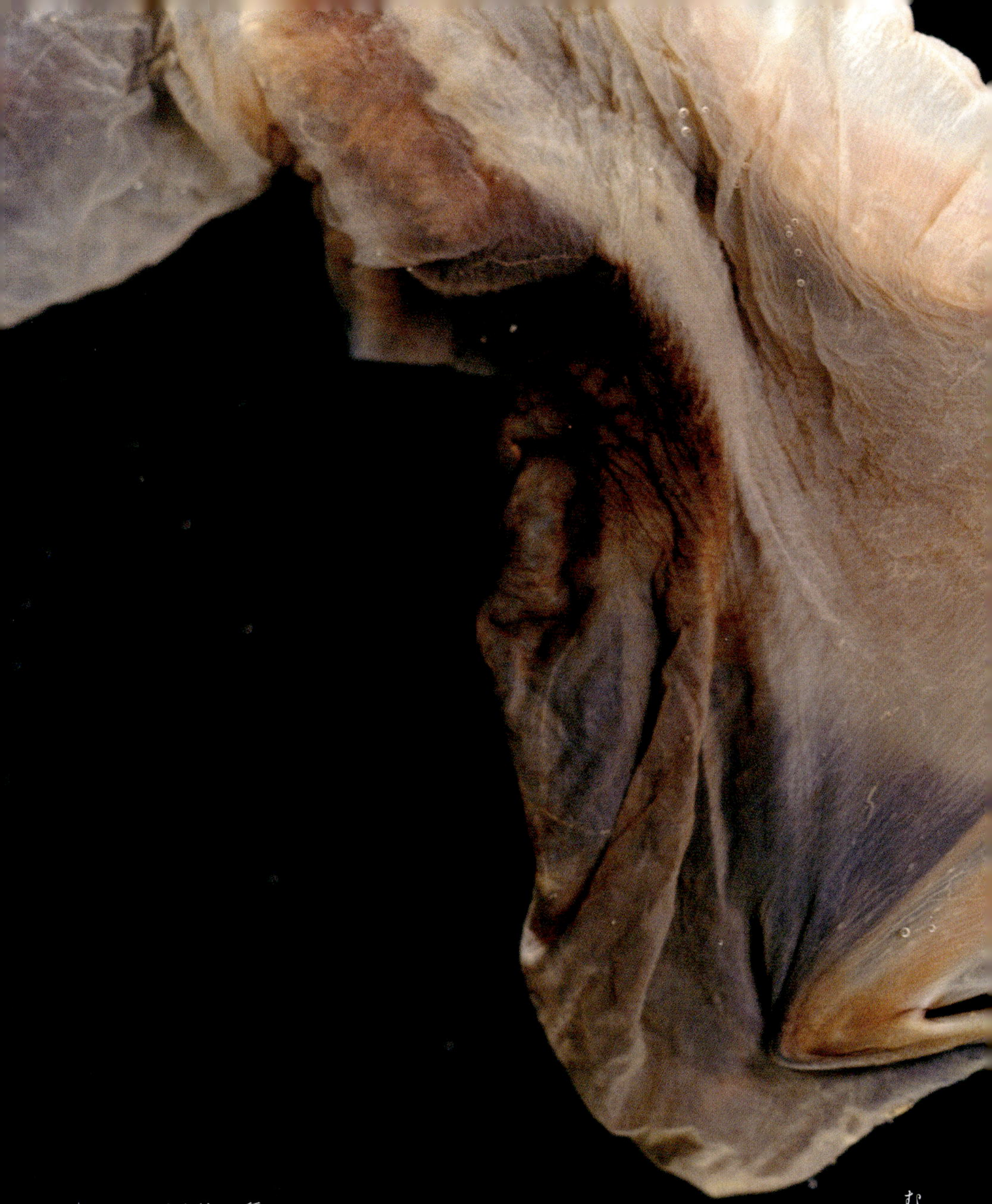

フウセンウナギの一種

Gulper Eel
Saccopharynx lavenbergi

水深 2000 〜 3000m という、まっ暗な海にいるので、眼は極端に小さい

む爬虫類《はちゅうるい》。まったく違う生物だが、いずれも同じ食いだめ作戦を採用していることになる。

体長は30～40cm。この写真では、アゴと胸のあいだにあるエラなどがなくなっている

はずれるアゴ ダナホウライエソ

●蓬莱狗母魚

ホウライエソのなかまは、アゴを脱臼させて食事をする。このアゴのつくりは、ヘビのそれと似ている。ヘビは、自分より大きな動物でも、丸飲みにする。そのアゴが特殊なつくりになっているのだ。

上アゴと下アゴのあいだに小さな骨があり、そのため、折りたたみ式の二重関節のようになり、驚くほど大きく口を開けることができる。

ホウライエソは、えものが近づくと、頭を上にはね上げ、下アゴを突き出し、口を大きく開けて丸飲みにする。

英名はViperfish（マムシ魚）。

彼らは長い鉤状の歯をもち、とらえたえものは逃がさない。さらに、飲みこむときは、心臓やエラを後ろに下げて、えものを通しやすくするという。

鋭いキバ

オニキンメ

●鬼金目

こちらも大きな口に鋭いキバをもつオニキンメ。この歯も、かみ切ったり、かみ砕いたりするには不向きなもの。とらえたえものを逃がさないためのものだ。

この大きな口と鋭いキバで、大きなえものを丸飲みにする。

ホウライエソ。そのキバはあまりに長く、口を閉じてもその中におさまりきらず、口からはみ出して眼に突き刺さりそうなほど上に向かって伸びることになる

英名は Fangtooth（キバ状の歯）。ただし、体長は15cmほど。意外に小さくて強面が愛嬌に感じられる

オニキンメ
Fangtooth
Anplogaster cornuta

広がる胃袋

オニボウズギス

●鬼坊主鱚

「食いだめ」が得意な人も、これほど伸縮性のある胃袋は持ち合わせていないだろう。

　オニボウズギスは、自分より大きなえものでも丸飲みして、その伸びる胃

オニボウズギス

Black Swallower
Chiasmodon niger

大きなえものが、腹から出てしまっている。うまくえものを飲みこんだところで、ネットにかかってしまい、ダメージを受けてこんな姿になってしまったと思われる。飲みこんだえものが、いかに大きいかがよくわかる

の中におさめてしまう。

体長は約25センチメートル。水深700〜2800メートルほどのまっ暗な海にいる。なかなかえものにめぐり合えない深海では、出合ったえものは、選り好みせずに食べなくてはならない。

厳しい環境が生んだ、究極の食事風景だ。

大きなえものにありついた後は、かなりの期間の絶食に耐えられる。

オニボウズギスの食事は、えものの少ない深海に合ったかたち。しかし、あまりにも大きなものを飲みこんでしまい、胃が伸びて腹の皮が薄くなり、食べたものが透けて見えてしまったものも見つかっている。

星の王子さまは、ケモノを飲みこむウワバミの話を聞いて、ゾウを丸飲みしたウワバミの絵を描いたけれど、オニボウズギスの話を聞いたら、どんな絵を描くのだろうか。

体長120～130センチメートルほどのギンザメの一種。

口の上に、ゾウの鼻のような突起物があり、これで海底の砂を掘り、平らでじょうぶな歯で、二枚貝をかみ砕いて食べる。

さらに、この突起には、電気や化学物質を感知できる感覚器があるので、えものや交尾の相手を見つけるのに役立っていると考えられている。

ギンザメのなかまは、サメやエイなど、軟骨魚類の中では、ちょっとユニークな存在。

サメやエイのオスは、腹に「クラスパー」とよばれる2本の交接器をもっている。交尾のときは、その1本をメスの総排出腔に挿入し、精子を送りこむ。

ところが、ギンザメのなかまには、さらに2種類の交接器がある。頭と腹にある、とげのついた突

ゾウギンザメ

Elephant Fish
Callorhynchus milii

ギンザメのなかまは、肉が美味なため食用として捕獲される。日本では、練り製品の原料としても利用されている

起。この突起は、ふだんはヒフの下に入っているが、交尾のときには、これを伸ばし、メスの体をしっかりと支えるのだ。

海面近くから水深220メートルあたりにすむゾウギンザメだが、春になると、繁殖のために河口や入江に移動する。受精に成功したメスは、25センチメートルほどの長さの卵を2つだけ産む。

何千、何万という卵を産む魚が多い中で、ギンザメのなかまの卵の数は、もっとも少ない。

シャベルつきの口

ゾウギンザメ●象銀鮫

ニセえさで釣る

クロアンコウの一種

●黒鮟鱇

かつて、街灯などなかった時代、暗い夜道を歩くときに、提灯《ちょうちん》は必需品だった。

暗い深海で、提灯を下げているように見えることから「チョウチンアンコウ」とよばれる魚たち。彼らは、頭の上に、光るルアーをもっているものが多い。

このルアーは、種類によって、さまざまな形をしている。長いもの、短いもの、太いもの、細いもの、細く枝分かれしたもの……。

いずれのルアーも、竿の先のふくらみの中に、光るバクテリアの培養室がある。バクテリアは、ふくらみにある小さな穴から入り、ここで栄養をもらって培養され、竿《さお》の先を光らせる。

クロアンコウの一種

Humpback Anglerfish
Melanocoetus sp.

メスが大きいといっても、体長は10cmほど。オスの体長は2〜3cmで、ルアーもない

チョウチンアンコウたちは、このルアーを光らせてえものをおびきよせ、あるいは、近づいたえものに発光物を発射して目くらましをして襲うのだ。

チョウチンアンコウのなかまは、小さなオスが大きなメスに付着するものが多い。この写真もメス。

美しい光に誘われて近づき、彼女に飲みこまれるときの恐怖は、想像するにあまりある。

column

ペリカンアンコウの骨格標本

Humpback Anglerfish
Melanocetus johnsoni

鋭い歯の生えた大きなアゴだが、骨は軽いつくりになっている

最新技術で深海に挑む

深海魚といえば、チョウチンアンコウがまず思い浮かぶ。これは、チョウチンアンコウの一種、ペリカンアンコウの骨格を赤く染めて筋肉を透明にした標本。おとなのメスだ。大きなアゴの骨と鋭い歯がよくわかる。

口の上にルアーがあり、これを光らせてえものをおびきよせる。ルアーは、背ビレの1番目のトゲが発達したもの。その形や先のふくらみまで、はっきりと見える。

チョウチンアンコウたちは、アンコウやカエルアンコウと同じアンコウ目の魚。このグループは、待ちぶせしてルアーで誘い、大きな口で丸飲みするものが多い。そのため、いずれも待ちぶせしてえものを釣るくらしに合った迫力のある顔つきだ。

ただ、体型は、ずいぶん違う。アンコウ鍋にされるアンコウたちは、上下につぶれた形。海底の砂に埋まっているのに適している。チョウチンアンコウたちは、深海をゆっくり泳ぐ。球形をしたものが多い。カエルアンコウたちは、発達した胸ビレと腹ビレで、海底を歩くように移動するのに適した、やや左右に扁平《へんぺい》した形。

分類上、近い種類で、捕食方法に共通点があるが、それぞれ体型に特徴がある。

昆虫や鳥、魚や哺乳類《ほにゅうるい》など、動

物の研究は、生きた姿を観察することと、得られた標本を解剖したりしてその体を調べることから始まる。そうして、その動物の生態や体の特徴がひとつひとつ明らかになっていく。

しかし、深海生物の場合、なかなか生きた姿を見ることはできず、これまでは標本による研究が中心だった。

たとえば、チョウチンアンコウのなかまの標本を仔細《しさい》に調べ、ルアーの発光器のつくりや、付着したオスと、その妻であるメスの血管がつながっていることなどもわかった。

ただ、クラゲなどの場合は、標本採取さえもむずかしい。

最近では、潜水船の性能も高まり、深海での撮影技術も向上し、鮮明な画像が得られるようになり、生態も観察できるようになった。新種登録などの論文は、基本的に標本が必要だったが、画像分析を基にした論文も可能になった。

さらに、ＤＮＡの解析など、最新の手法も駆使し、未知の世界は日々明らかにされつつある。

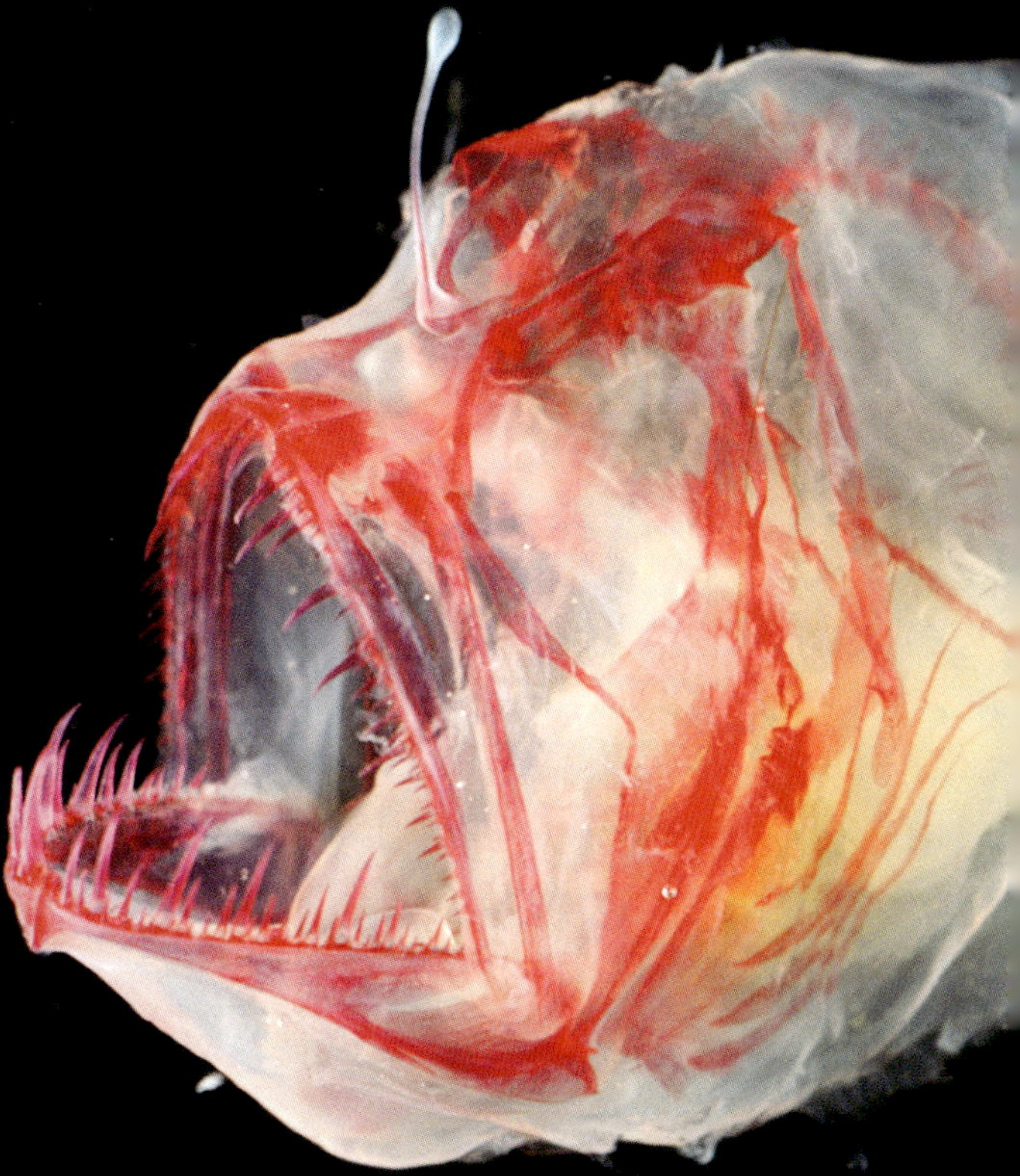

隠

食うか食われるか。身を隠す場所のない
暗い海で敵から身を守るには……。
深海での意外な「隠」戦略

ほぼ完璧に透明なクラゲ、*Octophialucium funerarium*。透明になることも「隠」戦略のひとつだ

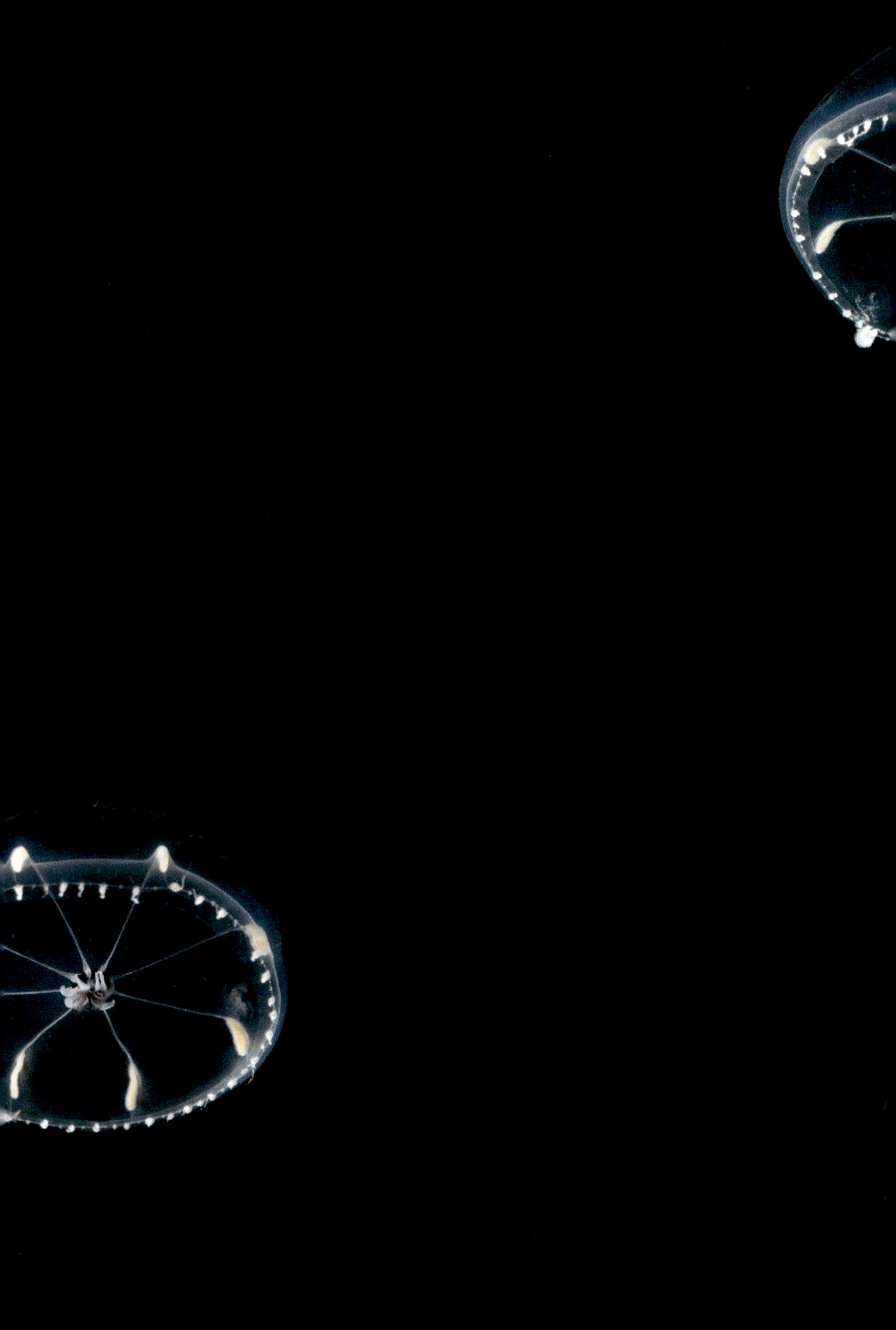

限りなく透明に近づく トウガタイカの一種

●塔形烏賊

この透明なイカは、サメハダホオズキイカ科というグループのイカ。

このイカも、透明になることで身を隠す戦略を選択している。ただし、透明になる作戦で、ネックになるのが、眼と内臓。眼は、光を受け止める部分が必要なために、透明にはできない。耳だけ透明にしてもらいそこなって、平家の武者の怨霊《おんりょう》に耳をちぎり取られた耳なし芳一のようなことになってしまう。

その問題に、このイカは発光することで対応している。眼のまわりに発光器をそなえ、上からの弱い光の中で、眼がシルエットになって見つかってしまうことを防いでいる。「カウンターイルミネーション」とよばれる作戦だ。

ちなみに、このイカは透明な体の中にタンクをもっている。透明な2つのタンクには、塩化アンモニウムが入っている。この液体は水より軽いので、これで浮力を調節しながら深海を漂っている。

深海のイカとして有名なダイオウイカも、体内に塩化アンモニウムをもっている。ただし、ダイオウイカは、サメハダホオズキイカのように専用のタンクはもたず、筋肉の中にあるたくさんの空洞に、この液体を入れている。

マッコウクジラの大好物であるダイオウイカは、体長が5～6メートルもあるが、このトウガタイカは、15センチメートルほど。大きさはかなり違うが、浮力調節には同じ作戦を採用している。

トウガタイカの一種

Cranchid Squid
Leachia sp.

プランクトンを食べるおとなしいイカ。深海にすむので眼は大きい。この眼、発光して隠さなければ、目立ってしまうことだろう

貝をなくした巻き貝

カエデゾウクラゲ

●楓象水母

名前に「クラゲ」とついているが、クラゲではなく、軟体動物の巻き貝の一種。

殻は退化して薄く、とても小さい。

子どものときには、体のやわらかい部分も小さいので、小さな殻の中におさまる。やわらかい部分は成長するが、殻は成長しないので、おとなになると体が殻におさまりきれなくなる。貝殻が大きくなると重くなって、浮遊できないということも、殻が大きくならない理由だと考えられている。

貝類の多くは、ゆっくりと海底を這《は》い、危険を察知すると、かたい殻の中に引っこんで身を守る。ところが、この浮遊する巻き貝には、逃げこむべき殻がない。

代わりに、体はゼラチン質で、とことん透明になっている。身を守る殻はないが、透明になることで隠れるという戦略だ。

ただ、内臓は透明にできず、見えてしまっている。「体隠して内臓隠さず」。そのため、その部分が見つかって捕食されることもあるという。

いま、中央に見えているかたまりは「そのう」とよばれる消化管の一部。薄いオレンジ色に見えるのは、その中に入っているえもの。エビやカニなどのなかまを食べたらしい。うまく食べたようだが、これが原因で敵に見つかり、捕食される危険をはらんでいる。

体は円筒形。向かって右に長く伸びているのが頭部。「ゾウ」の由来になった長い口吻《こうふん》、腹にはヒレがあり、ゆっくり泳ぐ。そこは貝のなかま。素早く逃げられるタイプではない。

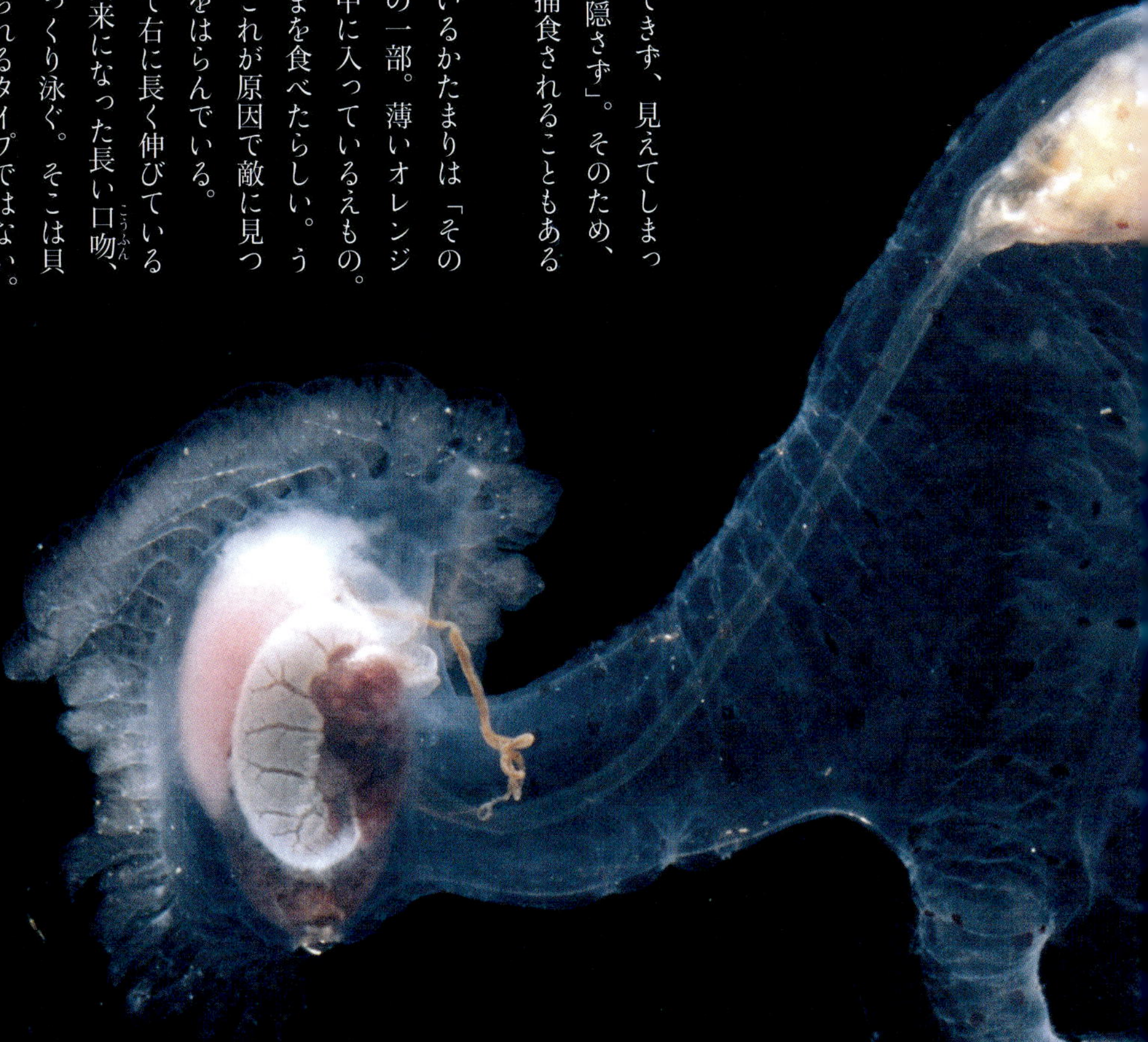

カエデゾウクラゲ

Carinariid Gastropod
Cardiopoda placenta

人気者のクリオネ（ハダカカメガイ）も、透明な体をもち、冷たく深い海を漂う。クリオネは、「流氷の下の妖精」などとよばれるが、このゾウクラゲには「妖精」の雰囲気はない

トガリムネエソ

Atlantic Silver Hatchetfish
Argyropelecus aculeatus

トガリムネエソ。扁平になったために、眼は前方にならぶ。ちょっと気むずかしい表情に見える

扁平、銀色、発光作戦
トガリムネエソ●尖胸狗母魚

体を扁平にするのも、隠れるには有効だ。前後、上下から見たときに見えにくくなる。ムネエソのなかまは、扁平になり銀色になり、さらに発光することで身を隠している。

トガリムネエソに近いなかまで、やや小型のテンガンムネエソ。体長は３cmほど。扁平、銀色、発光作戦は同じ

トガリムネエソは、体長は7〜8センチメートルだが、極端に扁平な体をしている。体の幅は、ほんの数ミリメートル。

さらに体は銀色。アルミフォイルが泳いでいるような姿だ。

生息域は、水深１００〜６００メートル。銀色の鏡のようになることで、横から見た場合、上からの弱い光が反射し、魚本体は見えにくくなる。

ただし、下から見ると、上からの光の中で、体がシルエットになって見えてしまう。そのシルエットを消すのが、腹部についた発光器。

細い腹部には、腹から尾にかけて、たくさんの発光器がならんでいる。これを発光させることで、上からの光にとけこみ、魚の姿はほぼ見えなくなる。「カウンターイルミネーション」だ。

しかし、銀色には弱点もある。夜になると上からの光がなくなり、ほかの発光生物の光が当たり、目立ってしまうのだ。その対策として、夜になると銀色の上に暗い色の色素細胞が広がり、反射をおさえるものもいる。

植物が育たない深海。身を隠す場のない海で、あの手この手の「隠」戦略が展開されている。

赤いカーテンで隠す

アカチョウチンクラゲ

●赤提灯水母

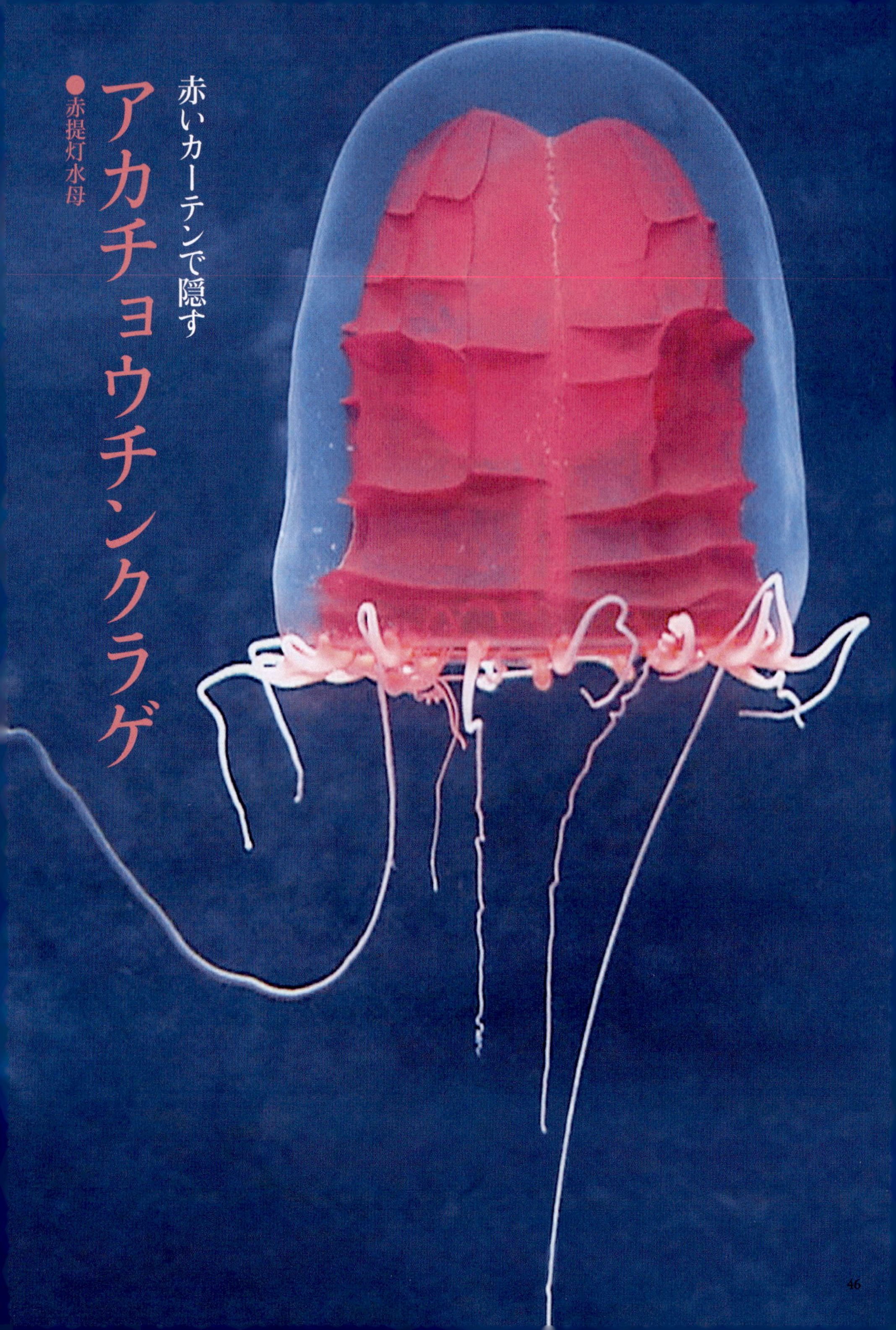

クラゲは、その多くが肉食だ。同時に、さまざまな生物に食べられる。体は透明なものが多く、海の中で見つかりにくい。ただし、内臓や食べたものは見えてしまう。とくに発光する生物を食べるとかなり目立ってしまう。そして、深海には発光生物が多い。

アカチョウチンクラゲは、透明な傘の内側が、赤い折りたたみ式のカーテンのようになっている。これなら、光る生物を食べても外から見えにくい。絶妙な作戦だ。

しかし、クラゲは、ほかの生物と、襲い襲われるという関係だけをもっているわけではない。

このアカチョウチンクラゲは、幼生のときは、海の表層を浮遊する貝のなかまに付着して成長する。そして、成長すると、今度はウミグモやヨコエビ、ほかのクラゲの幼生などが、このクラゲに付着して成長する。たくさんの命を育《はぐく》むゆりかごでもある。

アカチョウチンクラゲが生息するのは、水深450～900メートル。暗く冷たい海を、孤独に漂っているかのように見えるけれど、じっさいには、たくさんの生物と、持ちつ持たれつの関係も築いているのだ。

ただし、現在、大気中の二酸化炭素（CO_2）の増加が問題になっているが、それは、アカチョウチンクラゲにも、けっして無関係ではない。大気中のCO_2が増加すると海水のそれも増加し、海水が酸性化する。それによって貝類がダメージを受ける。そうすると、アカチョウチンクラゲの子が育つ場を失う。アカチョウチンクラゲがいなくなると、そこで育つたくさんの生物にも影響があるのだ。

深海も、私たちのくらしと密接にかかわっている場なのだと実感させられる。

アカチョウチンクラゲ

Paper Lantern Jelly
Pandea rubra

傘の直径は約10cm、伸びたときの高さは約17cm。アカチョウチンクラゲという名は、本書の監修者のひとり、リンズィー氏が名づけ親

粘る光玉で隠れる
ヒカリダンゴイカ
●光団子烏賊

イカやタコは墨を吐く。

イカの墨は、かつては乾燥させて顔料として用いられ、現在でもイカスミパスタなどで利用されている。

イカとタコの墨は、敵に襲われそうになったときに、身を守るためのものだが、その性質が少し違う。

イカの墨は、ダミー。その墨には粘り気があり、吐かれた墨は、ややまとまりをもち、かたまって浮遊する。敵は、そのかたまりに気をとられ、イカを見失う。

タコの墨は、煙幕。その墨には粘り気が少なく、吐かれた墨は、広がってタコの姿を隠す。

深海のイカやタコは、暗い海で墨を吐いても効果がない。

深海にすむヒカリダンゴイカは、墨に発光物質を混ぜた。粘り気のある発光インクは、捕食者の目をイカからそらす効果がある。この発光ボールは、何分間もまとまって漂うという。

光が少ないので、大きな眼であたりを見ながら、いざとなったら、発光ボールを使うという作戦だ。

ヒカリダンゴイカ

Luminous Bobtail Squid
Heteroteuthis dispar

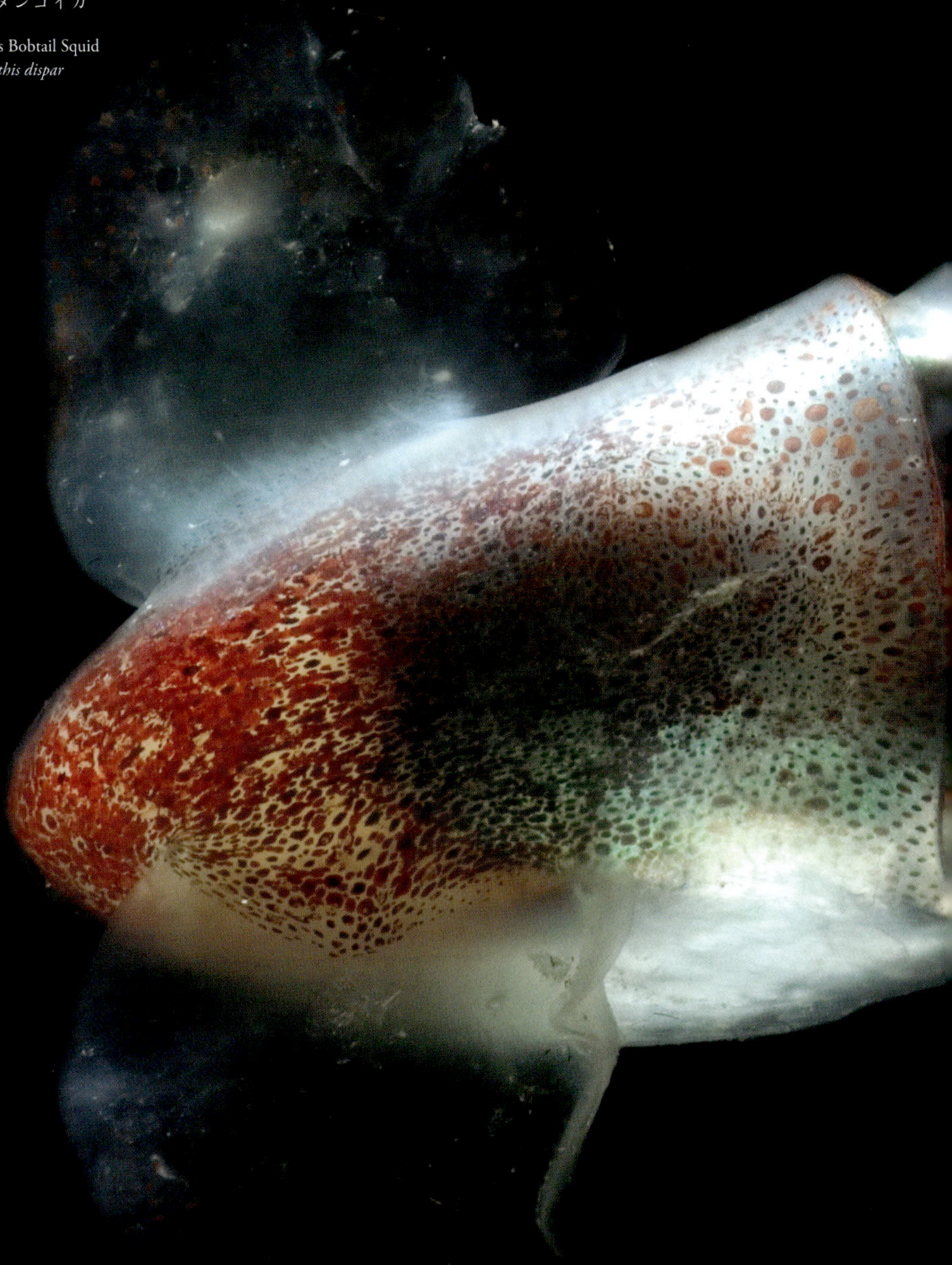

体長約3cmの小さなイカ。耳のように見えるのはヒレ。水深300～900mほどの暗い海にいる

column

人魚伝説——竜宮からの使い

日本のおとぎ話、『浦島太郎』の浦島太郎は、助けたカメに連れられて、竜宮城へ行く。乙姫様にもてなされ、夢のような日々を送って村に帰る。知っている人は誰ひとりいない。みやげにもらった玉手箱を開けると、白髪のおじいさんになってしまった。

アンデルセンの『人魚姫』。人魚姉妹の末娘は、美しい人間の王子に恋をし、難破船から彼を助ける。姫は魔女のところに行き、美しい声と引き換えに、人間の足を得る。しかし、王子がほかの娘と結婚することになったら海の泡になると告げられる。王子は、姫が命の恩人と知らぬまま、ほかの娘と結婚しようとする。王子を殺せば自らの命は助かるのだが、姫はそれができぬまま、海の泡となることを選ぶ。

人は、海の底に、別の世界があると信じ、さまざまな物語を伝えてきた。

リュウグウノツカイ
Oarfish
Regalecus russelii
銀色の姿が美しい。世界中の熱帯から温帯の海にいる

人魚のモデルは、海にすむ大型の哺乳類であるマナティーやジュゴンといわれている。しかし、リュウグウノツカイとする説もある。

リュウグウノツカイは、大きいものは体長が10メートルを超える。かたい骨をもつ魚のなかま、硬骨魚類の中で、もっとも大きい。

小さな甲殻類やイカ類を食べるリュウグウノツカイだが、体が大きいために、捕食者もなかなか襲うことができないと考えられている。

ウロコのないなめらかな白銀色の体、赤みをおびた豊かな背ビレ、大きな眼。ふだんは深海にいるが、海面近くに姿を現すこともある。

夜、船からその姿を見たら、きっと、人魚や竜宮からの使いのように見えるに違いない。

感

深度が増すにつれ、光はどんどん失われる。
トワイライト、あるいは
漆黒の深海での不思議な「感」戦略

ソコイワシの一種。「見よう」とする熱い
思いが、この必死の表情から感じられる

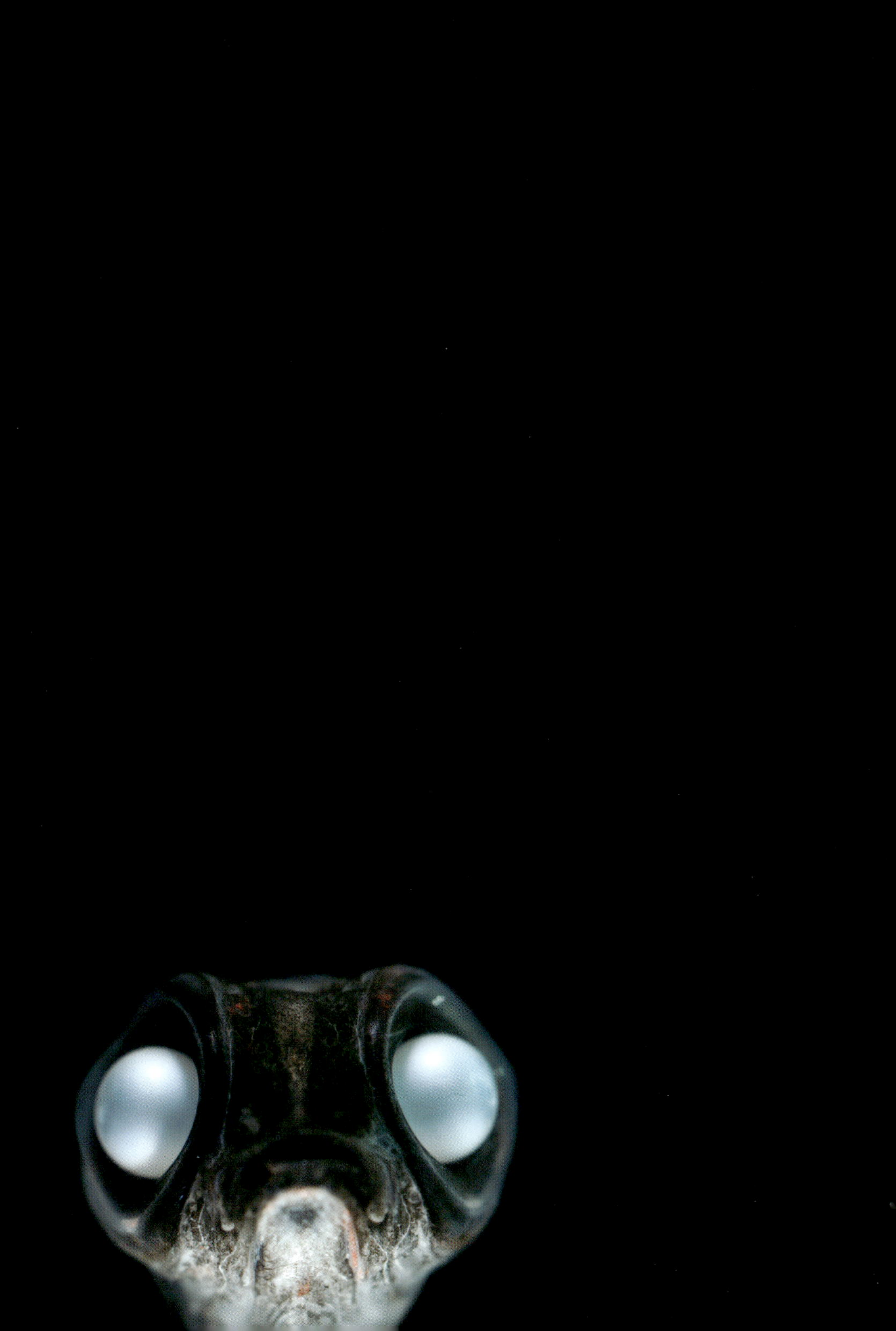

大きくてつぶらな瞳

オオメコビトザメ

●大目小人鮫

生物は、環境に適応して、その姿を変化させる。

動物が外界のようすを知るには、視覚、聴覚、嗅覚、味覚、触覚などを使う。ヒトの場合、各感覚器官から大脳皮質に送られる情報のうち、その約40パーセントは眼からの信号だという。

多くの動物にとって、視覚はとても重要な感覚器官のひとつ。

海に射しこむ太陽の光は、深度を増すにつれて失われ、200メートルを

水深200～1200mにいる。サメというと凶暴なホオジロザメなどを思い浮かべるが、このサメはとても弱気な表情をしているように見える

このワタゾコダコの一種も、体長は約16cmと小さいが、大きい眼をもっている。墨の袋は退化している。深海では、光るインクでも混ぜない限り、黒い墨を吐いても無意味なのだ

超えると色は失われる。400メートルを超えると、ヒトの眼ではほぼ光を感じられなくなる。

暗い世界で、弱い光を少しでも多く得るために、眼を大きく進化させたものがいる。

深海には、オオメマトウダイ、オオメソコイワシ、オオメギンソコダラなど、その名に「大目」とついた魚が何種類もいる。

オオメコビトザメは、体長25センチメートルほど。世界でもっとも小さいサメの一種だ。しかし、その眼はとても大きい。

腹には発光器をそなえ、上からわずかに降りそそぐ光と同じ強さの光を発し、自分の影が見えないようにしている。

大きな眼であたりをうかがい、光で身を隠す、おとなしいサメだ。

オオメコビトザメ

Spined Pygmy Shark
Squaliolus laticaudus

双眼鏡搭載！

クロデメニギスの一種

●黒出目似鱚

光の乏しい深海で、光を集めるために眼を大きくするにしても、限界がある。53ページのソコイワシのなかまは、その限界に挑戦して、眼が頭から大きくはみ出している。

もうひとつの作戦は、レンズの大きさを変えずによりよく見る方法。筒を伸ばすことだ。

暗い夜空で遠い星を見るとき、星から届く弱い光をよく見るために、私たちは、筒の先にレンズをつけた双眼鏡を開発した。

暗い海で、少しでも光を集めようと、クロデメニギスも、眼を筒状に伸ばして双眼鏡風にした。英名も、Binocular Fish（双眼鏡魚）。

深海には、双眼鏡風の眼をした魚が何種類もいる。同じように筒状の眼をもつものでも、それぞれ目的が違う。なかまを識別しようとするもの、捕食者を見ようとするもの、えものを見つけようとするものなどなど……。

クロデメニギスの体長は15センチメートルほど。ある程度群れて生息している。口が小さく歯は退化的。小さなエビやカニなどを食べていると考えられている。

このことから、彼らの双眼鏡は、なかまを見つけ、小さなえものを見つけるのに役立っていると考えられている。

クロデメニギスの一種

Binocular Fish
Winteria sp.

こんな顔の魚が群れているのに出合ったら、きっとびっくりして笑ってしまうだろう

見ることをあきらめて

ソコオクメウオの一種●底奥目魚

脊椎動物としてはもっとも原始的なグループに属するメクラウナギ。深海の泥の中にすんでいる。眼は退化しているが、頭と排泄孔のまわりに、光を感じるくぼみがある。嗅覚と触覚は鋭いという

ソコオクメウオ

Gelatinous Blindfish
Aphyonus sp.

ソコオクメウオの一種。眼は、横から見た頭部のまん中あたりにあるが、ヒフに埋まってどこにあるかもわからない

ソコオクメウオは、ほとんど光の届かない深い海にいる。

体はゼラチン質のヒフでおおわれている。眼は退化的で、そのヒフに埋まっている。

深海に生息する生物には、眼の大きなものも多いが、逆に、眼の小さいものも多い。極端に口の大きなフクロウナギやフウセンウナギも、小さな眼をしている。

光の乏しい海で、視覚にたよらずに生きる選択をしているのだ。

ただし、ソコオクメウオの眼は、外からはわからないほど退化しているが、まったくなくなってしまったわけではない。

この眼は、像を結ぶことはないが、光を感知することはできる。こんなに暗いところで、像を結ぶ必要はない。光だけ感じられればいいのだろう。

「退化的」。それは、環境に合わせたひとつの進化のかたちともいえるのだ。

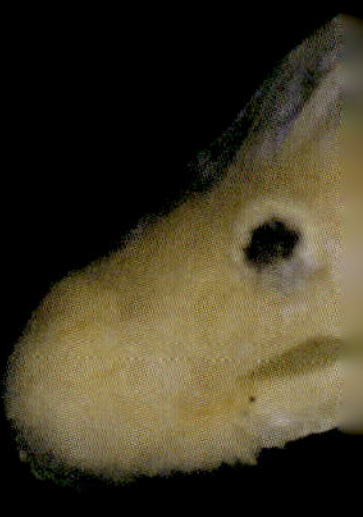

感じる毛を、精一杯広げる

ヒレナガチョウチンアンコウの一種

●鰭長提灯鮟鱇

魚には、体の横に、頭から尾までつづく「側線器官」がある。水の流れやえものの気配を感じる感覚器官だ。そのつくりは、内耳に似ている。私たちの耳の中には、体の傾きを感じる平衡器官がある。そこには、ゼラチン質の帽子をかぶった感覚毛があり、これが動くことで、その刺激が脳に伝わり、体が傾いたことがわかる。

側線器官にも、ゼラチン質の帽子をかぶった感覚毛があり、その動きで、水の流れなどを感じることができる。

深海にすむチョウチンアンコウの中のヒレナガチョウチンアンコウは、この側線器官がとても発達している。体から毛のように突き出しているのがそれだ。

ほかのチョウチンアンコウ同様、この大きくて狩りに適したたくましい体はメスのもの。体長は20センチメートルほど。

暗い海、光は少ない。視覚にはたよれない。眼は小さい。彼女は、この感じる毛をできる限り伸ばして、水の流れや、ルアーにおびきよせられるえものの気配を感じようとしている。

ヒレナガチョウチンアンコウの一種

Hairy Angler
Caulophryne sp.

ほとんど髪を振り乱しているように見えるが、じつは、じっと静かにあたりをうかがっている。ルアーにえものが近づくと、この大きな口を一気に開け、その水流で吸引し、丸飲みにする

クダクラゲの一種

Forskaliid Siphonophore
Forskalia sp.

クダクラゲの中のツクシクラゲ
の一種。しずくのように見える
のは、胃にあたる栄養体や触手

見えてきた深海のドラマ

クダクラゲは、たくさんの個虫がつながって、「群体」として生きている。長いものは40メートルを超えるものもいる。地球最大の生物といわれるシロナガスクジラより長いことになる。

群体として生きる個虫には、それぞれの役割がある。泳ぐもの、狩りをするもの、消化するもの、繁殖するもの……。それぞれが分業しながら、つながって生きる。不思議な生物だ。

海は、地球の表面積の約70パーセントを占めている。海の平均水深は、約3800メートル。富士山の高さより深いのだ。海が、どれほど膨大な容積かがわかる。

太古より、人は海への恐れとあこがれをもち、海にまつわるたくさんの物語を紡ぎ、海を知ろうとしてきた。しかし、私たちが漁などで知ることができたのは、水深がせいぜい200メートルまでの海の、それもほんの一部だった。

研究者たちは、100年以上前から、深海の研究を進めてきた。

しかし、その研究は、ネットや、「ドレッジ」とよばれる採集箱を使って生物を得る手法が中心だった。ネットで得られるのは、ほとんどが魚やエビなど。クラゲは少なかった。たとえネットやドレッジに入っても、ゼラチン質のクラゲはくずれてしまい、うまく引き上げられないものも多かったのだ。

有人潜水船や、深海を撮影できるカメラが生まれるまで、私たちは、深海のクラゲの生きた姿を見ることはできなかった。

水深200メートルより深く、海底から50メートル上までの海を「中・深層」とよぶ。海の容積の約95パーセントを占める中・深層で、もっとも多く見られるのが、クラゲのなかまだという。

深海の研究は、急速に進み、毎年、数十種もの新種のゼラチン質生物が発見されている。

また、高性能な水中顕微鏡も開発され、深海のクラゲが、その体に小さなエビやウミグモなどをつけていることもわかってきた。深海では、クラゲが、さまざまな命を育んでいるのだ。

深海の研究は、これから私たちに、どんなドラマを見せてくれるのだろうか。

応

地球最後の秘境、深海。
想像を絶する環境に適応する生物たち。
次々と明かされる驚きの「応」戦略

ウリクラゲの一種。大きな口で、自分と同じくらいの大きさのクラゲも食べる。深海には、私たちの知らない世界が、広く深く広がっている

じっとこちらのようすをうかがう。タコのなかまは、知能が高いといわれている。こちらを冷静に観察しているのかもしれない

ヒレとスカートでゆらゆら漂う

ヒカリジュウモンジダコ

●光十文字蛸

「ダンボ・オクトパス」というニックネームのこのタコは、ダンボの耳のようなヒレと、ウデの間に張られた膜が特徴。体長は40〜50センチメートルほど。

このヒレでゆっくり羽ばたいたり、スカートを伸縮させたりして移動する。カバー表の左上の写真もヒカリジュウモンジダコだ。

また、このタコの吸盤は、吸いつくことはせず、発光器になっている。

水深500〜4000メートルという、まっ暗な深海で発光し、魚や甲殻類などをお

透け感のあるスカートを思い切りまくり上げて、光る吸盤を見せる

びきよせて食べていると考えられている。

たこ焼きや酢の物などで私たちになじみの深いマダコなどは、近づくえものに、その太いウデを素早く伸ばして襲いかかる姿が観察されている。

しかし、深海にすむジュウモンジダコは、体がゼラチン質なので、ゆっくりと膜を広げて浮遊することができる。その狩りも、膜の内側の光で、えものを静かにおびきよせて、ねばねばした膜にくっつけて食べるので、あまりエネルギーを使わなくてすむ。

食べものの少ない深海では、エネルギーを節約することもひとつの戦略なのだ。

ヒカリジュウモンジダコ

Deep Sea Stauroteuthid Octopod
Stauroteuthis syrtensis

妖しく泳ぐナマコ

ユメナマコ

●夢海鼠

泳ぐユメナマコ。泳ぐときは、たてがみだけでなく、触手や後部のヒダも上手に使う

ナマコは、ウニやヒトデと同じ棘皮《きょくひ》動物。ナマコは、海底をゆっくりと這い回り、口のまわりの触手で海底の堆積物《たいせきぶつ》を食べるものが多い。「海底の掃除屋」とよばれるゆえんだ。

しかし、深海のユメナマコは泳ぐ。

口のまわりの触手は膜でつながり、さらに背中にたてがみのようなヒダもある、そして、後部にも水かきのようなヒダがある。

体長、約20センチメートル。水深３０００〜６０００メートルの海底。その海底を這うだけでなく、このヒダを使って、海底から数メートルも浮遊し、泳ぐのだ。

ユメナマコ

Pelagothuriid Sea Cucumber
Enypniastes eximia

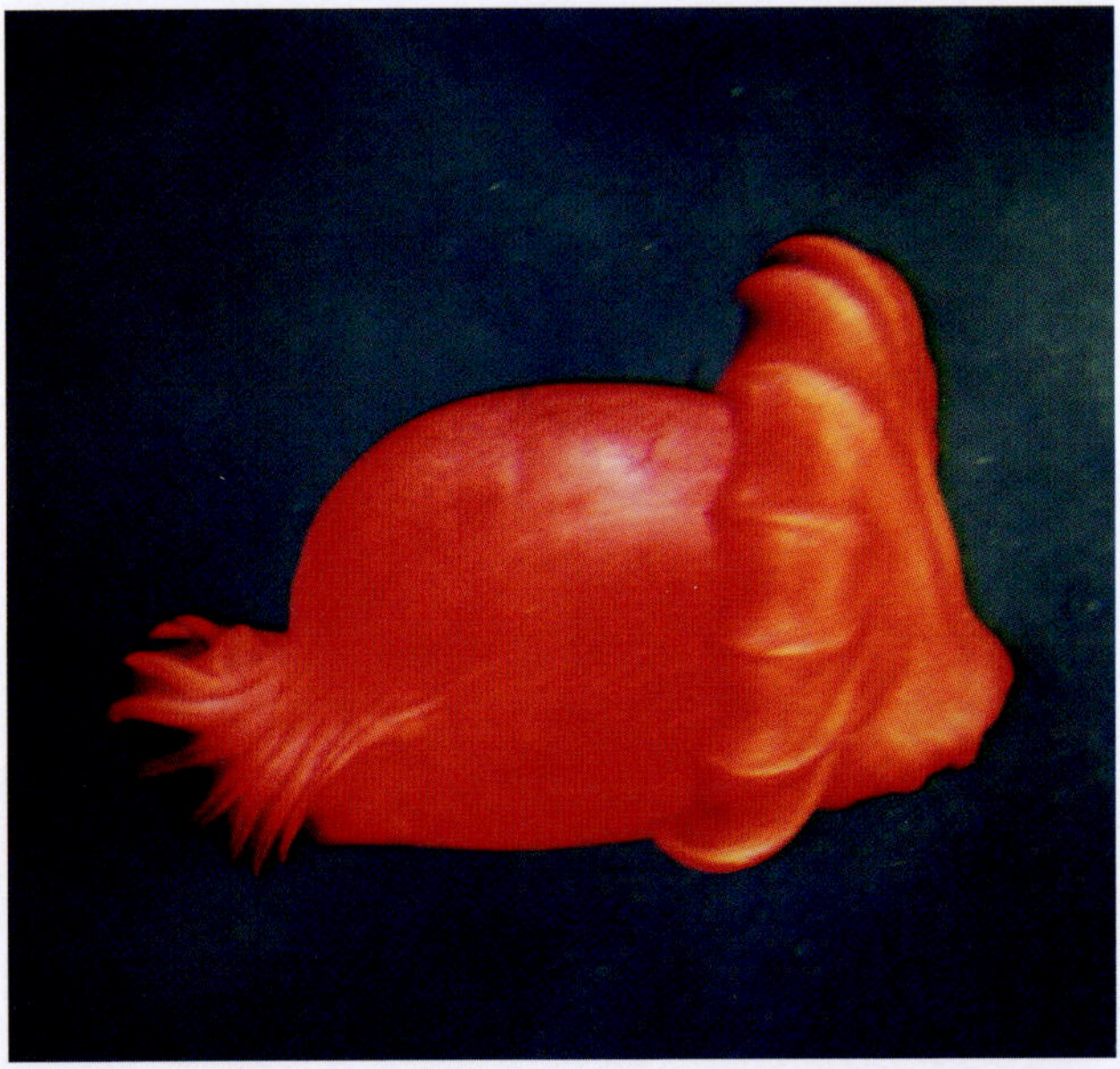

こうして、深海の海流に乗り、より広い範囲の食べものを得ていると考えられている。

美しい色の体で優雅に舞うことから、「夢」の字を、その名にもらった。

ナマコのイメージをくつがえす、このユメナマコの舞いは、深海で映像が撮れて、初めて明らかになった。

奇妙な指のクラゲ

ユビアシクラゲ

●指足水母

北太平洋の水深1000メートル前後に生息する巨大なクラゲ、ユビアシクラゲ。傘の直径は、75センチメートルほどもある。

2002年に、初めて鮮明な映像が撮られ、新種として登録された。学名の*granrojo*は「大きくてまっ赤な」という意味。

傘の粘膜にプランクトンなどを付着させて食べるのではないかと考えられているが、まだ、捕食シーンは確認されていない。

しかし、この太いユビアシでつかまれるのは、ごめんこうむりたいものだ。

ユビアシクラゲ

Big Red Medusa
Tiburonia granrojo

ユビアシクラゲは、傘のまわりに、えものをとらえるための触手をもたない変わりものだ

美しい光の謎

テマリクラゲの一種●手鞠水母

クシクラゲの一種。直径は2〜4センチメートルほど。しかし、体の中ほどには、長い触手を格納できる穴と収納スペースがある。触手はねばねばしていて、長いものは50センチメートルにもなる。これを伸ばして、小さなエビなどをくっつけてとらえ、口に運んで食べる。

彼らは、この美貌に似合わず、強力な捕食者でもある。海面近くから、水深750メートルほどの海を漂いながら、くっつけては食べるという動作をくり返し、自分の大きさに近いものも食べるという。

テマリクラゲのなかまは、タテに、繊毛のクシ状の板の列があり、それをはためかせて泳ぐ。また、発光するものが多い。

いま、ストロボの光が繊毛に反射して、その光の波長が、繊毛によって強まったり弱まったりして、虹色に輝いている。「光の干渉作用」という。シャボン玉の表面が虹色に光るのと同じ現象だ。テマリクラゲ自身の発光はかすかな光なので、潜水船からの撮影でとらえるのはむずかしい。さらに高性能なカメラが導入されれば、撮影されるようになるかもしれない。

深海生物は、発光するものが多いが、その発光には、おもに3つの機能があると考えられている。防衛と、誘因と、繁殖。

トガリムネエソは腹部の発光器で、ヒカリダンゴイカは発光する分泌物《ぶんぴつぶつ》で、捕食者から隠れ、身を守る。チョウチンアンコウはルアーの光で、フクロウナギやフウセンウナギは細い尾の光で、えものをおびきよせて捕食する。また、ミツマタヤリウオの小さなオスは、眼の後ろの発光器で大きなメスを誘う。

深海では、中でも、防衛という機能をもった発光が多い。

テマリクラゲの発光も、大きな生物との衝突を避けたり、自分を大きく見せるはたらきがあるのではないかと考えられている。

テマリクラゲの一種

Sea Gooseberry
Pleurobrachia sp.

体の一方に口、反対側に感覚器がある。いま、口を上に向け、下の感覚器で体の傾きと光を感じ、クシ板に命令を出してゆっくりと泳いでいる

メスは骨に入りこみ、微生物をすまわせて栄養をもらい、小さなオスを付着させて繁殖する。何ともたくましい生き様だ

骨から生える華麗な花

ホネクイハナムシ

●骨喰花虫

この美しい花は、じつは動物で、釣りエサに使うイソメのなかま。それも、クジラの骨から生えている。

属名の *Osedax* は、ラテン語で「骨をむさぼるもの」の意。英名も Zombie Worm（ゾンビ虫）。口も消化器も肛門もない。胴体とエラはクジラの骨から露出させているが、骨の中に「ルートシステム」とよばれる根のような部分をはりめぐらせて、その中に微生物をすまわせている。

微生物は、クジラの骨からしみ出す化学物質を利用して、有機物をつくり、ホネクイハナムシに与えている。

これはメス。大きさは約3センチメートル。オスは、メスとは似ても似つかないゾウリムシのような姿で、しかも顕微鏡サイズという小ささ。メ

ホネクイハナムシ

Zombie Worm
Osedax japonicus

スに付着して繁殖する。
じつは、このオス、ホネクイハナムシの子どものころの姿と似ている。オスは、子どもの姿のままおとなになるネオテニー（幼形成熟）なのではないかと考えられている。

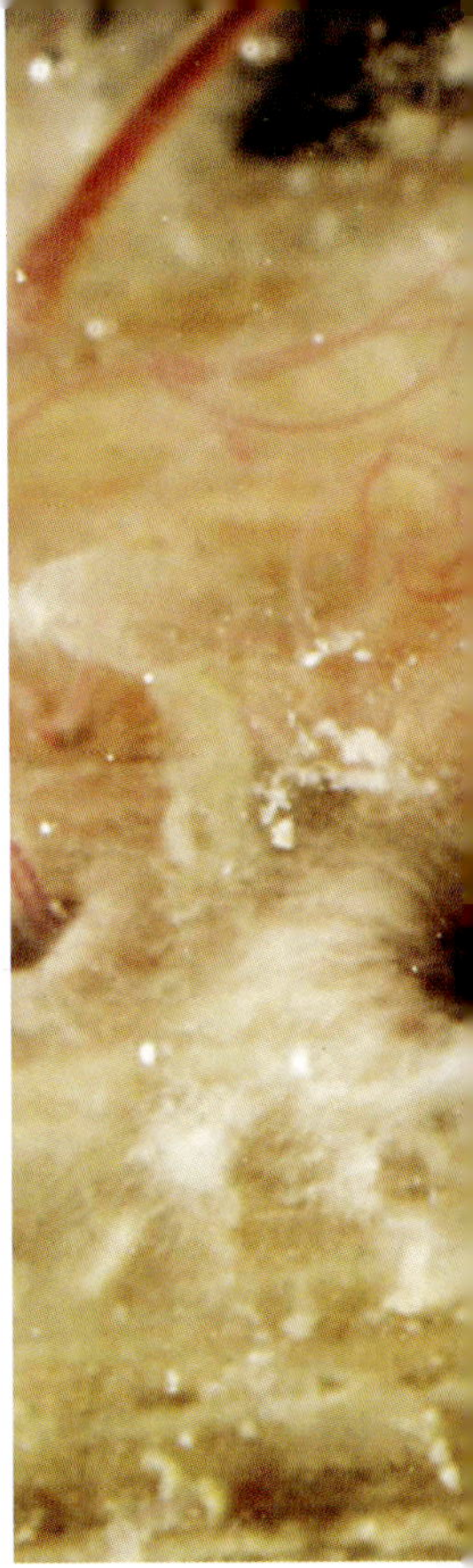

鉄の鎧をまとう
スケーリーフット

この不思議な貝が発見されたのは、２００１年。インド洋の深海にある熱水噴出域。明らかに新種であるが、まだ正式に報告されてはいない。

熱水噴出域とは、地球の内部で温められた熱水が、硫化水素やメタンなどをとかしながら噴き出している場所。硫化水素は、ヒトにとっては有毒な物質だ。

この貝は体内に微生物をすまわせ、硫黄《いおう》と鉄を使って硫化鉄をつくり、そのやわらかい足を硫化鉄のウロコでおおっている。

その名も、Scaly Foot（ウロコにおおわれた足）。

このウロコは、かたく、肉食の巻き貝などから体を守る鎧《よろい》の役割を果たしていると考えられている。

スケーリーフット

Scaly Foot
Peltospiridae gen. sp.

殻の大きさは２～３cm。捕食者の前で、ほかの貝が足を縮めているときにも、スケーリーフットは、足を長く出して移動する姿が観察されている

もうひとつのオアシス

ゴエモンコシオリエビ●五右衛門腰折海老

かつて太陽は神であった。

すべての命の源であり、太陽の光なしにはどんな生物も生きられない。

太陽の光を受けて植物が育ち、その恵みを得てすべての動物の命が支えられている。そう考えられていた。

１９７７年、深海の熱水噴出域が発見されるまでは。

ふつうの生物にとっては猛毒の、硫化水素などを含む熱水が噴き出す場所。熱水噴出域。太陽の光の届かない、そんな恐ろしいところに、さまざまな種類の生物が群れているのが発見されたのだ。

その後、たくさんの熱水噴出域が発見された。そして、そんな場所を好む生物が数多くいることがわかった。

ゴエモンコシオリエビは、３００℃を超え

熱水は、300℃を超えるが、たいへんな圧力がかかっているので、沸騰はしない。ゴエモンコシオリエビがいるあたりの水温は4～6℃。釜ゆでになる心配はない

る熱水の、すぐ近くがお気に入り。噴出孔からほんの20〜200センチメートルほどという、もっとも近くに陣取っている動物のひとつだ。

　その名も、釜ゆでにされた大どろぼう、石川五右衛門からもらった。

　彼らは、その腹にびっしり生えた毛に、微生物を飼っている。この微生物は、熱水に含まれる硫化水素が酸化するときにできるエネルギーを使って増殖すると考えられている。ゴエモンコシオリエビは、それを食べているのだ。

　植物のように、太陽の光のエネルギーを使って有機物をつくるのは「光合成」。硫化水素など、無機物が酸化するときのエネルギーを使って有機物を生むことは「化学合成」という。

　ここは、太陽の光あふれる楽園とは別の、知られざる、もうひとつのオアシス。

ゴエモンコシオリエビ

Galatheid Crab
Shinkaia crosnieri

column

生命誕生の謎に迫る

命は海で生まれた。最初は、目に見えないほど小さなバクテリアだった。

38億年ほど前のこと。最初の生物は少しずつ進化し、多細胞生物になった。あるものは植物になり、あるものは動物になった。さらに進化したものもあり、絶滅したものもいた。

5億年ほど前、動物になったものの中から、背中にやわらかい骨をもつものが生まれた。私たちのご先祖さまだ。それから長いときを重ね、あるものは陸へ上がり、あるものは海にとどまった。クジラたちのように、陸から海へ戻ったものもいた。

最初の生命が海で生まれたことは確かだと考えられているが、どこでどのように生まれたかは謎。

いま、熱水噴出域が、ひとつの仮説として有力視されている。

46億年前に生まれた地球には、次々と隕石が衝突し、全球がマグマの海だった。水蒸気が雲をつくり、大量の雨が降りつづいて少しずつ冷え、海が生まれた。海が生まれ、地球が冷えていく間に、生命が生まれた。

そのころの海は、私たちが知っている現在の海とはまったく違う。太陽の光や酸素は乏しかったが、生命誕生に必要な水素は豊富という、現在の熱水噴出域に近い環境だったのではないかと考えられている。

私たちは、つい、自分の基準で推測してしまう。太陽光もなく酸素も乏しく高圧で熱いところには生命は存在しないと思いがちだ。でも、そんな環境を好み、私たちにとっては猛毒の硫化水素を使って栄養をつくる微生物もいる。

地球以外の星の生命を探している研究者がいる。いま注目されているのが、木星の衛星、エウロパと、土星の衛星、タイタン。エウロパには氷の下に海があり、タイタンにはメタンの海があると考えられている。

いずれも太陽から遠い。太陽の光が乏しく酸素も少ないそんな星に、私たちとはまったく違うシステムの生命が生まれているかもしれない。

深海は、私たちの常識が、とても小さいことに気づかせてくれる。深海を探求することは、命の謎に迫り、宇宙を見つめることにもつながっている。

ガラパゴスハオリムシ

Giant Tube Worm
Riftia pachyptila

細長い筒のように見えるのが、ガラパゴスハオリムシ。体長は長いもので２～３ｍにもなる。この動物も、硫化水素を使って有機物をつくる微生物を共生させている。熱水噴出域が大好きな動物だ

写真提供

藤原義弘（JAMSTEC）/ 72
JAMSTEC / 01, 21, 46, 47, 68 上 , 68 下 , 69, 73, 74-75, 79
G. David Johnson（Division of Fishes, National Museum of Natural History）/ 23 丸内

以下ネイチャー・プロダクション
小林安雅 / 15
山本典暎 / 14
Minden Pictures / 08-09, 20, 22-23, 26-27, 29 下 , 30-31, 32-33, 36-37
Nature Picture Library / カバー表左上, 05, 13, 16-17, 19, 24-25, 29 上 , 34-35, 39, 42-43, 48-49, 53, 54, 55, 56-57, 58-59 上 , 60-61, 62, 65, 66, 67, 71
Oxford Scientific / 06-07, 10-11, 28, 40-41, 44, 45, 50-51, 58-59 下 , 77

おもな参考資料

「Blue earth」　海洋研究開発機構横浜研究所海洋地球情報部広報課編（海洋研究開発機構横浜研究所海洋地球情報部）
「JAMSTEC」　海洋科学技術センター情報管理室編（海洋科学技術センター情報管理室）
『潜水調査船が観た深海生物 深海生物研究の現在　海洋研究開発機構』　藤倉克則、奥谷喬司、丸山正編著（東海大学出版会）
『深海』　クレール・ヌヴィアン著/伊部百合子訳/高見英人、ドゥーグル・リンズィー、藤岡換太郎監修（晋遊舎）
『深海の生物学』　ピーター・ヘリング著/沖山宗雄訳（東海大学出版会）
『深海魚　暗黒街のモンスターたち』　尼岡邦夫著（ブックマン社）
『深海生物学への招待』　長沼毅著（日本放送出版協会）
『深海の不思議』　瀧澤美奈子著（日本実業出版社）
『深海生物ファイル あなたの知らない暗黒世界の住人たち』　北村雄一著（ネコ・パブリッシング）
『動物大百科』　（平凡社）
『動物たちの地球』　上野俊一ほか監修（朝日新聞社）
『日本産魚類検索　全種の同定』　中坊徹次編（東海大学出版会）
『動植物名よみかた辞典』　日外アソシエーツ株式会社編（日外アソシエーツ/紀伊國屋書店）
『世界動物大図鑑』　デイヴィッド・バーニー総編集/日高敏隆日本語版総監修（ネコ・パブリッシング）
『OCEAN　海洋大図鑑』　ジョン・スパークス総編集/内田至日本語版総監修（ネコ・パブリッシング）
『イカ・タコガイドブック』　土屋光太郎文/山本典暎、阿部秀樹写真（阪急コミュニケーションズ）
『クラゲガイドブック』　並河洋、楚山勇著（阪急コミュニケーションズ）
『サメガイドブック　世界のサメ・エイ図鑑』　アンドレア・フェッラーリ、アントネッラ・フェッラーリ著/御船淳、山本毅訳/谷内透監修（阪急コミュニケーションズ）

写真索引

地球上もっとも深い海は、マリアナ海溝のチャレンジャー海淵の10920m。1998年、そのチャレンジャー海淵の水深10600mで、日本の無人探査機「かいこう」によって採集されたカイコウオオソコエビ。全長は、4.5cm

地球の表面の約70%を占める海。その平均水深は約3800m。「深海」の定義は明確ではないが、大陸棚より沖合の、水深200m以深の海を指すことが多い。その定義によると、海の全体積の約95%が深海ということになる。

深海にいる生物を「深海生物」とよぶが、その定義も厳密なものではない。成長につれて深海に移動するものもあれば、毎日、海面近くと深海を往復するものもいる。

深海生物については、現在、急速に研究が進んでいるが、それは、広大な深海にすむ生物の、ほんの一部にしかすぎない。これから、さらに新しい発見が生まれることが期待されている。

監修者紹介

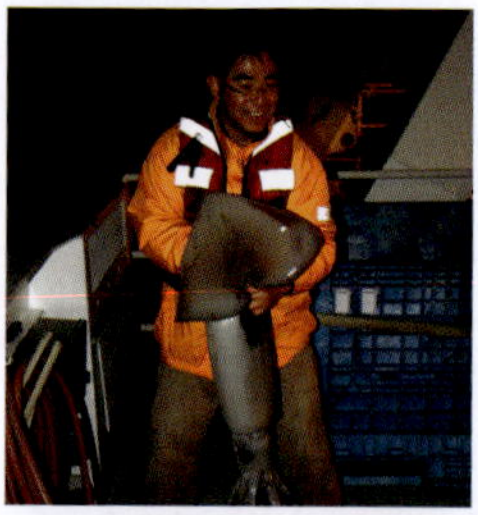

藤倉　克則（ふじくら　かつのり）

1964年栃木県足利市生まれ。東京水産大学（現東京海洋大学）修士課程修了。博士（水産学）。海洋研究開発機構海洋・極限環境生物圏領域主任研究員。専門は深海生物学。主な著書等に、『海の生き物100不思議』東京大学海洋研究所編（2003）東京書籍、『海洋生物の機能─生命は海にどう適応しているか』竹井祥郎編（2005）東海大学出版会、『潜水調査船が観た深海生物─深海生物研究の現在』藤倉克則、奥谷喬司、丸山正編著（2008）東海大学出版会等がある。

Dhugal John Lindsay（ドゥーグル ジョン リンズィー）

1971年オーストラリア生まれ。東京大学大学院博士課程修了。博士（農学）。海洋研究開発機構海洋・極限環境生物圏領域技術研究主任。専門は海洋生物学、動物分類学（刺胞動物、有櫛動物）。主な著書等に、『潜水調査船が観た深海生物─深海生物研究の現在』藤倉克則、奥谷喬司、丸山正編著（2008）東海大学出版会、『深海』クレール・ヌヴィアン著／伊部百合子訳／高見英人、ドゥーグル・リンズィー、藤岡換太郎監修（2008）晋遊舎、句集に『むつごろう』『出航』等がある。

構成・文	野見山ふみこ・三谷英生（ネイチャー・プロ編集室）
デザイン	鷹觜麻衣子
写真提供	藤原義弘、JAMSTEC、G. David Johnson、ネイチャー・プロダクション
協　　力	奥谷喬司（JAMSTEC）、松浦啓一（国立科学博物館）
製　　版	石井龍雄（トッパングラフィックコミュニケーションズ）
編　　集	福島広司・鈴木恵美・前田香織（幻冬舎）

深海のフシギな生きもの　水深11000メートルまでの美しき魔物たち

2009年10月25日　第1刷発行
2022年 9月30日　第6刷発行

監修　　　　藤倉克則・ドゥーグル リンズィー
　　　　　　（JAMSTEC／独立行政法人海洋研究開発機構）
構成・文　　ネイチャー・プロ編集室
発行者　　　見城　徹
発行所　　　株式会社 幻冬舎
　　　　　　〒151-0051　東京都渋谷区千駄ヶ谷4-9-7
　　　　　　電話 03-5411-6211（編集）　03-5411-6222（営業）
　　　　　　公式HP：https://www.gentosha.co.jp/

印刷　凸版印刷株式会社
製本　図書印刷株式会社
検印廃止

万一、落丁乱丁のある場合は送料小社負担でお取替致します。小社宛にお送り下さい。
本書の一部あるいは全部を無断で複写複製することは、法律で認められた場合を除き、著作権の侵害となります。
定価はカバーに表示してあります。
©NATURE EDITORS,GENTOSHA 2009
ISBN978-4-344-01746-7 C0072
Printed in Japan

この本に関するご意見・ご感想は、下記アンケートフォームからお寄せください。
https://www.gentosha.co.jp/e/